电工学实验指导

DIANGONGXUE SHIYAN ZHIDAO

主编　高艳萍
参编　宋金岩　赵云丽

中国电力出版社
CHINA ELECTRIC POWER PRESS

内 容 提 要

　　全书共分 3 章：第 1 章　电工测量；第 2 章　电子技术实验，包括直流网络定理的验证、串联谐振、电阻和电容移相电路、荧光灯电路及功率因数的提高、三相交流电路、三相异步交流电动机直接起动控制及正反转控制等；第 3 章　电子技术实验，包括模拟信号的测量、分压式偏置放大电路的测量、整流、滤波与稳压电路、集成运算放大器的基本运算电路、电压比较器、晶闸管可控整流电路、集成与非门及异或门电路及其应用、编码、译码及其应用、触发器及其转换、寄存器、计数器电路及其应用、计数、译码、显示电路等。附录内容包括万用表的使用方法、VP-5220A 型示波器的使用方法、DG1022 函数/任意波形发生器、DF2173B 型晶体管毫伏表的使用方法、SG1731SL3A 型直流稳压电源的使用方法、TPE-EEZH 电工电子综合实验箱。

　　本书可作为高等院校非电类专业电工学课程的配套实验指导书，也可供工程技术人员参考。

图书在版编目（CIP）数据

电工学实验指导 / 高艳萍主编. —北京：中国电力出版社，2017.9（2024.2重印）
ISBN 978-7-5198-1006-1

Ⅰ. ①电…　Ⅱ. ①高…　Ⅲ. ①电工实验　Ⅳ. ①TM-33

中国版本图书馆 CIP 数据核字（2017）第 212127 号

出版发行：中国电力出版社
地　　址：北京市东城区北京站西街 19 号（邮政编码 100005）
网　　址：http://www.cepp.sgcc.com.cn
责任编辑：杨淑玲（010-63412602）
责任校对：黄　蓓　朱丽芳
装帧设计：王红柳
责任印制：杨晓东

印　　刷：固安县铭成印刷有限公司
版　　次：2017 年 9 月第 1 版
印　　次：2024 年 2 月北京第 4 次印刷
开　　本：787mm×1092mm　16 开本
印　　张：9.75
字　　数：234 千字
定　　价：25.00 元（含实验考核）

前　言

　　电工学是高等学校工科非电类专业的一门学科基础课。由于电工技术和电子技术的快速发展，电工学已广泛应用于非电专业学科领域，是各学科之间相互交融的基础。电工学实验是电工学课程的重要教学环节,通过实验可以帮助学生巩固和加深对电工学理论知识的理解,培养他们分析问题和解决问题的能力。该教材以电工学课程涉及的验证型、设计型和应用创新实验为主要内容,注重对实验项目预习及完成情况的考核,能指导学生在知识、能力和素质三方面协调发展,以适应社会发展对人才的基本需求。

　　该教材由大连海洋大学高艳萍副教授主编,宋金岩老师和赵云丽老师参编,由于编者的水平和经验有限,难免有纰漏和欠妥之处,请各位专家读者不吝赐教。

编　者

2017 年 8 月

目　录

前言
第 1 章　电工测量 ……………………………………………………………………………… 1
第 2 章　电工技术实验 ……………………………………………………………………… 11
　　实验 2-1　直流网络定理的验证 …………………………………………………………… 11
　　实验 2-2　RLC 串联谐振 ………………………………………………………………… 14
　　实验 2-3　电阻、电容移相电路 …………………………………………………………… 17
　　实验 2-4　荧光灯电路及功率因数的提高 ………………………………………………… 19
　　实验 2-5　三相交流电路 …………………………………………………………………… 22
　　实验 2-6　三相异步交流电动机的直接起动控制 ………………………………………… 25
　　实验 2-7　三相异步交流电动机的正反转控制 …………………………………………… 29
　　实验 2-8　三相异步交流电动机 Y-△ 换接降压起动控制 ……………………………… 31
第 3 章　电子技术实验 ……………………………………………………………………… 35
　　实验 3-1　模拟信号的测量 ………………………………………………………………… 35
　　实验 3-2　分压式偏置放大电路的测量 …………………………………………………… 39
　　实验 3-3　整流、滤波与稳压电路 ………………………………………………………… 42
　　实验 3-4　集成运算放大器的基本运算电路 ……………………………………………… 46
　　实验 3-5　电压比较器 ……………………………………………………………………… 51
　　实验 3-6　晶闸管可控整流调压电路 ……………………………………………………… 54
　　实验 3-7　集成与非门电路及其应用 ……………………………………………………… 58
　　实验 3-8　集成异或门电路及其应用 ……………………………………………………… 62
　　实验 3-9　编码器、译码器及其应用 ……………………………………………………… 65
　　实验 3-10　触发器及其转换 ……………………………………………………………… 70
　　实验 3-11　寄存器、计数器及其应用 …………………………………………………… 74
　　实验 3-12　计数、译码、显示电路 ……………………………………………………… 78
　　实验 3-13　555 集成定时器的应用（一） ……………………………………………… 81
　　实验 3-14　555 集成定时器的应用（二） ……………………………………………… 83
附录 …………………………………………………………………………………………… 87
　　附录 A　万用表的使用方法 ……………………………………………………………… 87
　　附录 B　VP-5220A 型示波器的使用方法 ……………………………………………… 89
　　附录 C　DG1022 函数/任意波形发生器 ………………………………………………… 93
　　附录 D　DF2173B 型晶体管毫伏表的使用方法 ………………………………………… 95
　　附录 E　SG1731SL3A 型直流稳压电源的使用方法 …………………………………… 97
　　附录 F　TPE-EEZH 电工电子综合实验箱 …………………………………………… 100
参考文献 ……………………………………………………………………………………… 103

第1章 电工测量

1.1 电工测量仪表的分类

实验和工程中常用的直读式电工测量仪表常按照以下几个方面分类：

1. 按照被测物理量的种类来分，见表 1-1-1。

表 1-1-1　　　　　　　　　　电工测量仪表按被测物理量的种类分类

次序	被测物理量	仪表名称	符 号
1	电流	电流表	(A)
		毫安表	(mA)
2	电压	电压表	(V)
		千伏表	(kV)
3	电功率	功率表	(W)
		千瓦表	(kW)
4	电能	电能表	kWh
5	相位差	相位表	(φ)
6	频率	频率表	(f)
7	电阻	电阻表	(Ω)
		兆欧表（绝缘电阻表）	(MΩ)

2. 按照工作原理分类

电工测量仪表若按照工作原理来分类，见表 1-1-2。

表 1-1-2　　　　　　　　　　电工测量仪表按照工作原理分类

类型	符号	被测量物理量的种类	电流的种类与频率
磁电式		电流、电压、电阻	直流
整流式		电流、电压	工频及较高频率的交流

续表

类型	符号	被测量物理量的种类	电流的种类与频率
电磁式		电流、电压	直流及工频交流
电动式		电流、电压、电功率、功率因数、电能量	直流及工频与较高频率的交流

3. 按照工作电流分类

电工测量仪表按照电流的种类可分为直流仪表、交流仪表和交直流两用仪表，见表 1–1–2。

4. 按照准确度分类

电工测量仪表的准确度与其误差有关，不管仪表制造得多么精确，测量值和被测物理量的实际值之间总是存在误差的。一种是基本误差，主要由于仪表本身结构的不精确所产生，如仪表刻度不准确、弹簧永久变形、轴与轴承之间的摩擦、零件位置安装不准确等。另一种是附加误差，主要由于外界因素对仪表读数的影响产生，如没有在正常工作条件下测量、仪表测量方法不正确、读数不准确等。

仪表的准确度是依据仪表的相对额定误差来衡量的。相对额定误差是指仪表在正常工作条件下进行测量可能产生的最大基本误差 ΔA_{m} 与仪表的最大量程 A_{m} 之比，以百分数表示则为

$$\gamma = \frac{\Delta A_{\mathrm{m}}}{A_{\mathrm{m}}} \times 100\% \qquad (1-1-1)$$

目前，我国直读式电工测量仪表按照准确度可分为 0.1、0.2、0.5、1.0、1.5、2.5 和 5.0 七个级别，这些数字即为仪表的相对额定误差的百分数。例如，有一个准确度为 1.5 级的电压表，其最大量程 U_{m} 为 50V，则其可能产生的最大基本误差 U_{m} 为

$$\Delta U_{\mathrm{m}} = \gamma \times U_{\mathrm{m}} = \pm 1.5\% \times 50 = \pm 0.75 \mathrm{V} \qquad (1-1-2)$$

在正常工作条件下，通常认为最大基本误差是不变的，因此被测量越接近满标值，则相对测量误差就越小。故在实际应用中选用仪表量程时，应使被测量的值越接近满标值越好。一般应使被测量的值超过仪表满标值的一半以上。

在电工仪表上，通常都标有仪表的类型、准确度的等级、电流的种类以及仪表的绝缘耐压强度和放置位置等符号，详见表 1–1–3。

表 1–1–3　　　　　　　　　　电工测量仪表上的几种符号

符　号	意　义	符　号	意　义
══	直流	⚡ 2kV	仪表绝缘试验电压 2000V
∼	交流	↑	仪表直立放置
≅	交直流	→	仪表水平放置
3∼或≈	三相交流	∠60°	仪表倾斜 60°

1.2 电工测量仪表的类型

如前文所述，按工作原理可将直读式仪表分为磁电式、电磁式、整流式和电动式。直读式仪表的基本原理是利用仪表中通入电流后产生电磁作用，使仪表内部的可动部分受到转矩作用发生转动，而转动转矩 T 与通入电流 I 之间存在着一定的关系

$$T = f(I)$$

为了使仪表可动部分的偏转角 α 与被测量存在一定的比例关系，必须有一个与偏转角 α 成比例的阻转矩 T_C 与转动转矩 T 相平衡，即

$$T = T_C$$

才能保证仪表的可动部分平衡在一定位置，从而表示出被测量的大小。

另外，当仪表开始通电和被测量发生改变时，仪表的可动部分由于惯性不能马上达到平衡状态，而是要在平衡位置附近振荡一段时间才能静止。为了使仪表的可动部分迅速静止在平衡位置，缩短测量时间，需要一个能产生抑制动力（阻尼力）的阻尼器。阻尼器只有在指针转动过程中才起作用。

直读式仪表通常主要是产生转动转矩的部分、产生阻转矩的部分和阻尼器三个部分组成。

下面分别介绍磁电式（永磁式）、电磁式和电动式三种仪表的基本构造、工作原理和主要用途。

1.2.1 磁电式仪表

磁电式仪表的构造如图 1-2-1 所示。仪表的固定部分包括马蹄形永久磁铁、极掌 NS 及圆柱形铁心等。极掌与铁心之间的空气隙的长度是均匀的，其中产生均匀辐射方向的磁场，如图 1-2-2 所示。仪表的可动部分包括铝框及线圈、前后两根半轴 O 和 O'、螺旋弹簧（或张丝，即由铍青铜或锡锌青铜制成的弹性带）及指针等。铝框套在铁心上，铝框上绕有线圈，线圈的两头与连在半轴 O 上的两个螺旋弹簧的一端相接，弹簧的另一端固定，以便将电流通入线圈。指针也固定在半轴 O 上。

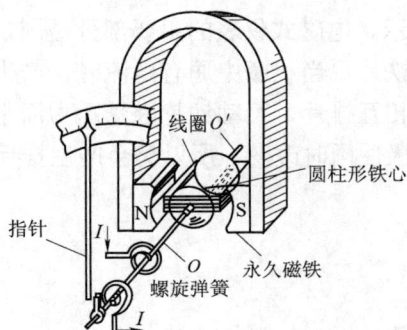

图 1-2-1 磁电式仪表

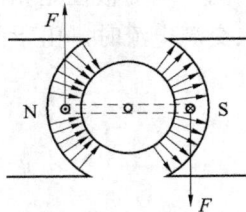

图 1-2-2 磁电式仪表的转矩示意图

当线圈通有电流 I 时，由于与空气隙中的磁场相互作用，线圈的两个有效边受到大小相等、方向相反的力，其方向由左手定则判断，其大小为

$$F = BlNI \qquad (1-2-1)$$

式中：B 为空气隙中的磁感应强度；l 为线圈在磁场内的有效长度；N 为线圈的匝数。

如果线圈的宽度为 b，则线圈所受的转矩 T 为

$$T = Fb = BlbNI = k_1 I \qquad (1-2-2)$$

式中，k_1 是一个比例常数。

在这个转矩 T 的作用下，线圈和指针即可转动起来，同时螺旋弹簧也被扭紧从而产生阻转矩 T_C。弹簧的阻转矩 T_C 与指针的偏转角 α 成正比，即

$$T_C = k_2 \alpha \qquad (1-2-3)$$

当弹簧的阻转矩 T_C 与转动转矩 T 达到平衡时，仪表的可动部分停止转动。此时

$$T = T_C \qquad (1-2-4)$$

即可得出

$$\alpha = \frac{k_1}{k_2} I = kI \qquad (1-2-5)$$

由上式可知，指针偏转的角度 α 是与线圈电流 I 成正比的，按此规律即可在仪表的标度尺上标注均匀的刻度。当线圈中无电流时，仪表的指针应指在零的位置。若不在零的位置，应校正。

磁电式仪表阻尼作用的产生：当线圈通有电流发生偏转时，铝框切割永久磁铁的磁通，在框内产生感应电流与永久磁铁的磁场作用，产生与转动方向相反的制动力，仪表的可动部分即受到阻尼作用，迅速静止在平衡位置。

磁电式仪表只能用来测量直流，若通入交流电流，则仪表的可动部分由于惯性较大，将赶不上电流和转矩的迅速交变而静止不动，即仪表的可动部分的偏转取决于平均转矩，而不是瞬时转矩。而在通入交流电流的情况下，这种仪表的转动转矩的平均值为零。因此，磁电式仪表无法直接测量交流电。若用磁电式仪表测量交流电，则需附加变换器，如整流式仪表。

磁电式仪表的优点：刻度均匀；灵敏度与准确度高；阻尼强；消耗电能量少；受外界磁场影响小。这种仪表的缺点：只能测量直流；价格较高；不能承受较大过载。

磁电式仪表常用来测量直流电压、直流电流及电阻等。

1.2.2 电磁式仪表

电磁式仪表常采用推斥式构造，如图 1-2-3 所示。电磁式仪表的主要部分是固定的圆形线圈、线圈内部的固定铁片和固定在转轴上的可动铁片。当线圈中通有电流时，产生磁场，两个铁片均被磁化，同一端的极性是相同的，因而相互排斥，可动铁片因受斥力而带动指针偏转。当线圈中通入交流电流时，由于两个铁片的极性同时改变，所以仍会产生推斥力。

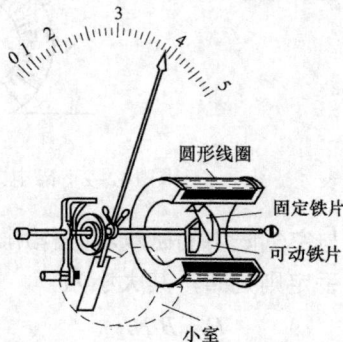

图 1-2-3　推斥式电磁式仪表

可近似认为，作用在铁片上的吸力或仪表的转动转矩与通入线圈电流的平方成正比。当通入直流电流 I 时，仪表的转动转矩 T 为

$$T = k_1 I^2 \tag{1-2-6}$$

当通入交流电流 i 时，仪表的可动部分的偏转取决于平均转矩，它与交流电流有效值 I 的平方成正比，即

$$T = k_1 I^2 \tag{1-2-7}$$

电磁式仪表和磁电式仪表一样，产生阻扭矩 T_C 的也是连在转轴上的旋转弹簧。

$$T_C = k_2 \alpha$$

当阻转矩 T_C 和转动转矩 T 达到平衡时，可动部分停止转动。此时

$$T = T_C$$

即

$$\alpha = \frac{k_1}{k_2} I^2 = k I^2 \tag{1-2-8}$$

由上式可知，指针的偏转角 α 与直流电流或交流电流有效值的二次方成正比，所以仪表的刻度是不均匀的。

电磁式仪表中产生阻尼力的是空气阻尼器，其阻尼作用是由与转轴相连的活塞在小室中移动产生的。

电磁式仪表的优点：构造简单；价格低廉；可用于测量交直流；能测量较大的电流和允许较大的过载。这种仪表的缺点：刻度不均匀；易受外界磁场及铁片中磁滞和涡流的影响，因此准确度不高。

电磁式仪表常用来测量交流电压和电流。

1.2.3　电动式仪表

电动式仪表的构造如图 1-2-4 所示。电动式仪表有两个线圈：固定线圈和可动线圈。后者与指针及空气阻尼器的活塞都固定在转轴上。与磁电式仪表一样，可动线圈中的电流也是通过螺旋弹簧引入的。

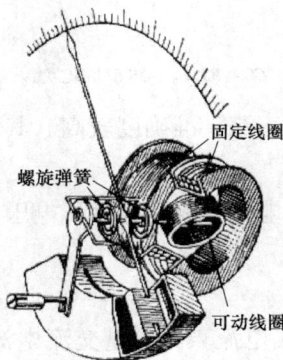

图 1-2-4　电动式仪表

当固定线圈通有电流 I_1 时，在其内部产生磁场（磁感应强度为 B_1），可动线圈中的电流 I_2 与磁场相互作用，产生大小相等、方向相反的两个力（图 1-2-5），其大小与磁感应强度 B_1 和电流 I_2 的乘积成正比。而 B_1 可认为与电流 I_1 成正比，所以作用在可动线圈上的力或仪表的转动转矩 T 与两个线圈中的电流 I_1 和 I_2 的乘积成正比，即

$$T = k_1 I_1 I_2 \qquad\qquad (1-2-9)$$

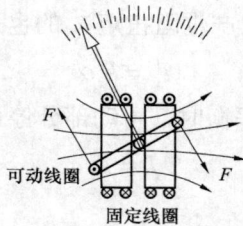

图 1-2-5　电动式仪表的转矩示意图

在此转矩的作用下，可动线圈和指针发生偏转。任一线圈中的电流方向改变，指针偏转的方向也改变。两个线圈中的电流方向同时改变，偏转的方向不变。因此，电动式仪表也适用于交流电路。

当线圈中通入交流电流 $i_1 = I_{1m} \sin \omega t$ 和 $i_2 = I_{2m} \sin(\omega t + \varphi)$ 时，转动转矩的瞬时值与两个电流的瞬时值的乘积成正比。而仪表可动部分的偏转取决于平均转矩 T，即

$$T = k_1' I_1 I_2 \cos \varphi \qquad\qquad (1-2-10)$$

式中：I_1 和 I_2 是交流电流 i_1 和 i_2 的有效值；φ 是 i_1 和 i_2 之间的相位差。

当螺旋弹簧产生的阻转矩 $T_C = k_2 \alpha$，与转动转矩达到平衡时，可动部分便停止转动。此时

$$T = T_C$$

即

$$\alpha = k I_1 I_2 （直流） \qquad\qquad (1-2-11)$$

或

$$\alpha = k I_1 I_2 \cos \varphi （交流） \qquad\qquad (1-2-12)$$

电动式仪表的优点：适用于交直流；准确度较高。其缺点：受外界磁场的影响大，不能承受较大过载。

电动式仪表可用在交流或直流电路中测量电流、电压及功率等。

1.3　电流的测量

测量直流电流通常采用磁电式电流表，测量交流电流主要采用电磁式电流表。电流表应串联在电路中，如图 1-3-1（a）所示。为使待测电路的工作状态不因接入电流表受到影响，电流表的内阻必须很小。因此，为了避免将电流表烧毁，一定不能将电流表并联在电

路中。

采用磁电式电流表测量直流电流时，因其测量机构（即表头）所允许通过的电流很小，不能直接测量较大电流。因此，为了扩大仪表量程，应在其测量机构上并联一个分流器（低值电阻 R_A），如图 1-3-1（b）所示。此时，通过磁电式电流表的测量机构的电流 I_0 只是被测电流 I 的一部分，两者关系如下

$$I_0 = \frac{R_A}{R_0 + R_A} I$$

即

$$R_A = \frac{R_0}{I / I_0 - 1} \tag{1-3-1}$$

式中，R_0 是测量机构的电阻。

由上式可知，要扩大量程，需减小分流器电阻 R_A。多量程电流表具有几个不同量程的接头，这些接头可分别与相应阻值的分流器并联。通常情况下，分流器放在仪表内部，为仪表的一部分，但较大电流的分流器需放在仪表的外部。

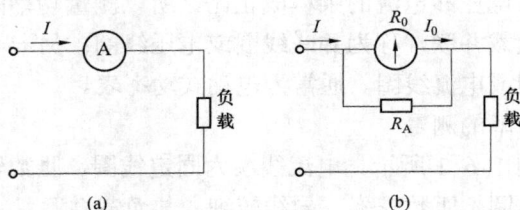

图 1-3-1   电流表和分流器

1.4 电压的测量

测量直流电压常采用磁电式电压表，测量交流电压常采用电磁式电压表。电压表是用来测量电源、负载或某段电路两端的电压的，所以必须并联在电路中，如图 1-4-1（a）所示。为使待测电路的工作状态不因接入电压表受到影响，电压表的内阻必须很高。测量机构的电阻 R_0 是不大的，要扩大电压表的量程，必须串联一个倍压器（高值电阻 R_V），如图 1-4-1（b）所示。

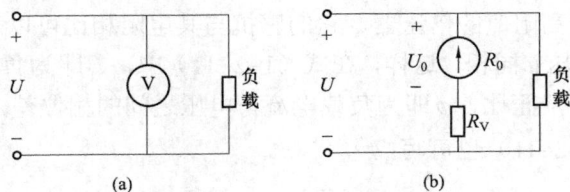

图 1-4-1   电压表和倍压器

由图 1-4-1（b）可得

$$\frac{U}{U_0} = \frac{R_0 + R_V}{R_V}$$

即

$$R_V = R_0\left(\frac{U}{U_0} - 1\right) \qquad\qquad (1\text{–}4\text{–}1)$$

由上式可知，要扩大量程，需提高倍压器电阻 R_V。多量程电压表具有几个不同量程的接头，这些接头可分别与相应阻值的倍压器串联。电磁式和磁电式电压表都须串联倍压器。

1.5　万用表

万用表又称复用表、多用表、繁用表等，是一种多功能、多量程的测量仪表，虽然准确度不高，但是使用简单，携带方便，特别适用于检查线路和修理电气设备。万用表有磁电式和数字式两种。

1.6　功率的测量

因为电路中的功率与电压和电流的乘积成正比，所以测量功率的仪表有两个线圈：一个用来反映负载电压，与负载并联，称为并联线圈或电压线圈；另一个用来反映负载电流，与负载串联，称为串联线圈或电流线圈。通常为电动式功率表。

1.6.1　单相交流和直流功率的测量

功率表的接线图如图 1–6–1 所示。电流线圈为固定线圈，匝数较少，导线较粗，与负载串联；电压线圈为可动线圈，匝数较多，导线较细，与负载并联。

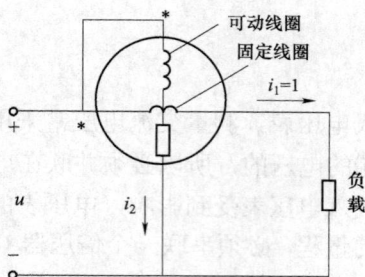

图 1–6–1　功率表的接线图

由于并联线圈串有高阻值的倍压器，它的感抗与其电阻相比可以忽略不计，因此可以认为其中电流 i_2 与两端电压 u 同相。这样，在式（1–2–11）中，I_1 即为负载电流的有效值 I，I_2 与负载电压的有效值 U 成正比，φ 即为负载电流与电压之间的相位差，而 $\cos\varphi$ 即为电路的功率因数。因此，式（1–2–11）也可写成

$$\alpha = k'UI\cos\varphi = k'P \qquad\qquad (1\text{–}6\text{–}1)$$

可见电动式功率表中指针的偏转角 α 与电路的平均功率 P 成正比。

如果将电动式功率表的两个线圈中的一个反接，指针就反向偏转，这样就不能正常读出

功率的数值。因此，为了保证功率表正确连接，在两个线圈的始端标以"±"或"＊"号，这两端均应连在电源的同一端（图 1-6-1）。

功率表的电压线圈和电流线圈各有其量程。改变倍压器电阻值可改变电压量程。电流线圈通常由两个相同的线圈组成，当线圈串联时，电流量程要比并联时小一倍。

电动式功率表也可测量直流功率。

1.7 兆欧表

检查电机、电器及线路的绝缘情况和测量高值电阻时，常采用兆欧表（绝缘电阻表）。兆欧表是一种利用磁电式流比计的线路来测量高电阻的仪表，其内部构造如图 1-7-1 所示。在永久磁铁的磁极间放置着固定在同一轴上而相互垂直的两个线圈。一个线圈与电阻 R 串联，另一个线圈与被测电阻 R_x 串联，然后将两者并联于直流电源。电源是仪表内部的一个手摇直流发电机，其端电压为 U。

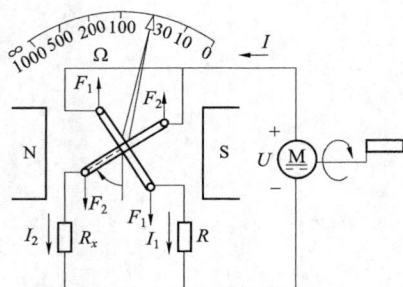

图 1-7-1　兆欧表的构造图

测量时两个线圈中通过的电流分别为

$$I_1 = \frac{U}{R_1 + R} \quad \text{和} \quad I_2 = \frac{U}{R_2 + R_x}$$

式中，R_1 和 R_2 分别为两个线圈的电阻。两个通电线圈因受磁场的作用，产生两个方向相反的转矩

$$T_1 = k_1 I_1 f_1(\alpha) \quad \text{和} \quad T_2 = k_2 I_2 f_2(\alpha)$$

式中，$f_1(\alpha)$ 和 $f_2(\alpha)$ 分别为两个线圈所在处的磁感应强度与偏转角度 α 之间的函数关系。因磁场不均匀，故这两个函数关系不相等。

仪表的可动部分在转矩作用下发生偏转，直到两个线圈产生的转矩相平衡为止。此时

$$T_1 = T_2$$

即

$$\frac{I_1}{I_2} = \frac{k_2 f_2(\alpha)}{k_1 f_1(\alpha)} = f_3(\alpha) \quad \text{或} \quad \alpha = f\left(\frac{I_1}{I_2}\right) \tag{1-7-1}$$

上式表明，偏转角度 α 与两个线圈中电流之比有关，故称为流比计。

由于

$$\frac{I_1}{I_2} = \frac{R_2 + R_x}{R_1 + R}$$

所以

$$\alpha = f\left(\frac{R_2 + R_x}{R_1 + R}\right) = f'(R_x) \qquad\qquad （1-7-2）$$

偏转角度 α 与被测电阻 R_x 存在一定的函数关系，因此，仪表的刻度可直接按电阻值来分度。仪表的读数与电源电压 U 无关，所以手摇发电机的转动速度不影响兆欧表的读数。此外，线圈中的电流由不会产生阻转矩的柔韧金属带引入，故当线圈中没有电流时，指针处于平衡状态。

第 2 章　电 工 技 术 实 验

实验 2–1　直流网络定理的验证

一、实验目的

（1）掌握直流稳压源的正确使用方法。

（2）学习用万用表测量电阻、电流和电压的方法。

（3）掌握实验电路的连接方法，理解电压、电流的参考方向。

（4）学习有源线性二端网络开路电压、短路电流和等效内阻的测量方法。

（5）学习验证基尔霍夫定律、叠加原理、戴维南定理和诺顿定理的方法。

二、实验预习

（1）阅读实验指导书，了解实验原理、实验内容及实验电路，掌握基尔霍夫定律、叠加原理、戴维南定理和诺顿定理的内容。

（2）阅读附录，了解万用表和直流稳压电源的使用方法。

（3）计算图 2–1–1 所示电路中的电流 I_1、I_2、I_3，拆掉电阻 R_3，如图 2–1–4 所示，计算 A、B 两节点间的开路电压 U_{OC}、短路电流 I_{SC} 以及除源后的等效电阻 R_0。

（4）认真填写实验 2–1 考核表中预习思考的 1、2、3。

三、实验设备

序号	设 备 名 称	数　量
1	直流稳压电源	1
2	数字万用表	1
3	电工电子综合实验箱	1
4	导线	若干

四、实验原理

在分析与计算电路时，对电压或电流任意假定的方向为电压或电流的参考方向，当实际方向与参考方向一致时，电流（或电压）的值为正，当实际方向与参考方向相反时，电流（或电压）值为负，图 2–1–1 所示电路为有源线性直流网络电路，该电路可以用直流网络定理加以分析。

1. 基尔霍夫定律（KCL 定律和 KVL 定律）

（1）KCL 定律：任一瞬间，流入任一节点的电流之和等于流出该节点的电流之和。

$$\sum I_1 = \sum I_0$$

（2）KVL 定律：任一瞬间，沿任一方向循行一周，回路中电压的代数和恒等于零。

$$\sum U = 0$$

根据基尔霍夫节点电流定律，对节点 a 列方程

$$I_1 + I_2 = I_3$$

根据基尔霍夫回路电压定律，对 $R_2 \rightarrow R_3 \rightarrow E_2$ 所在回路沿顺时针方向列方程

$$-E_2 + I_2 R_2 + I_3 R_3 = 0$$

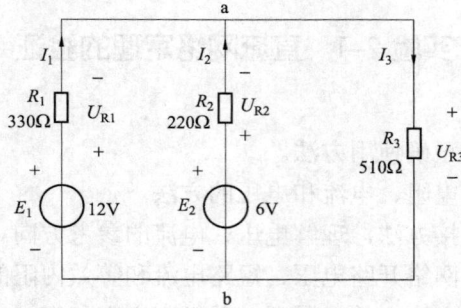

图 2-1-1   有源线性直流网络

2. 叠加原理

线性电路中任何一条支路的电流或电压，都可以看成是由电路中各个电源（电压源或电流源）分别单独作用时，在此支路中所产生的电流或电压的代数和。

图 2-1-1 电路中，R_1 所在支路电流为 I_1，E_1 单独作用时为 I_1'，E_2 单独作用时为 I_1''，R_2 所在支路电流为 I_2，E_1 单独作用时为 I_2'，E_2 单独作用时为 I_2''，R_3 所在支路电流为 I_3，E_1 单独作用时为 I_3'，E_2 单独作用时为 I_3''，等效电路如图 2-1-2 和图 2-1-3 所示。

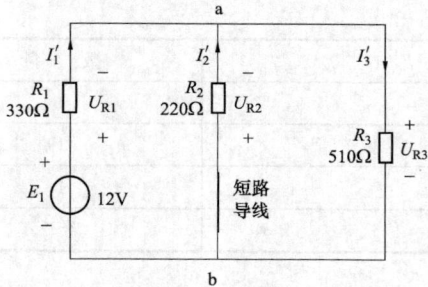

图 2-1-2 E_1 单独作用   图 2-1-3 E_2 单独作用

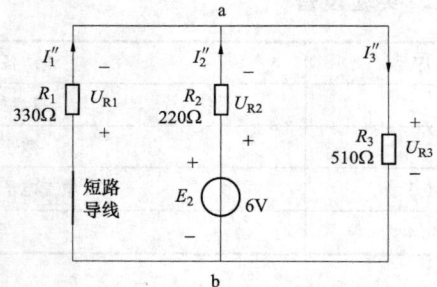

根据叠加原理有

$$I_1 = I_1' + I_1''$$
$$I_2 = I_2' + I_2''$$
$$I_3 = I_3' + I_3''$$

3. 等效电源定理

（1）戴维南定理（等效电压源定理）。任何一个有源二端线性网络都可以用一个电动势为 E 的理想电压源和内阻 R_0 串联的电源等效代替。等效电源的电动势 E 是有源二端网络的开路电压 U_{OC}，即将负载断开后 A、B 两端之间的电压；等效电源的内阻 R_0 等于有源二端网络中

所有电源均除去（短路替代理想电压源，开路替代理想电流源）后所得到的无源二端网络 A、B 两端之间的等效电阻。

图 2-1-1 所示电路中，设 R_3 所在支路为外电路，对应的有源二端网络如图 2-1-4 所示，该有源二端网络对 R_3 支路可用图 2-1-5 所示电路来等效代替。其中：$E = U_{OC}$（有源二端网络的开路电压，即图 2-1-4 中 A、B 两点间的开路电压），$R_0 = R_{AB} = R_1 // R_2$（有源二端网络的等效电阻，即将图 2-1-4 中除去 E_1 和 E_2 后 A、B 间的等效电阻）。

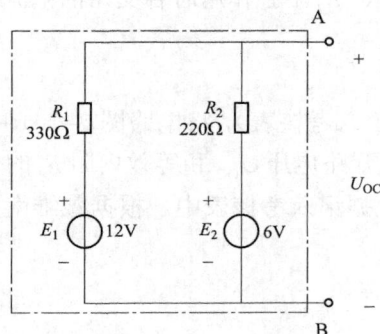

图 2-1-4　测量开路电压有源二端网络　　　　　图 2-1-5　等效电压源电路

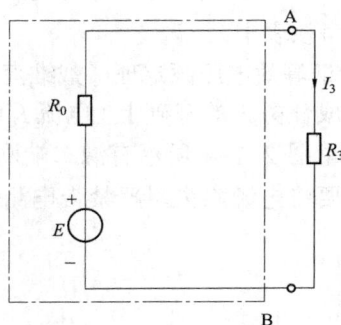

（2）诺顿定理（等效电流源定理）。任何一个有源二端线性网络都可以用一个电流为 I_S 的理想电流源和内阻 R_0 并联的电源来等效代替。等效电源的电流 I_S 就是有源二端网络的短路电流，即将 A、B 两端短接后该支路的电流；等效电源的内阻 R_0 等于有源二端网络中除源后所得无源二端网络 A、B 两端之间的等效电阻。

图 2-1-6 为除掉 R_3 支路后测量有源二端口网络短路电流的有源二端网络，该有源二端网络对 R_3 支路可用图 2-1-7 所示电路来等效代替。其中：$I_S = I_{SC}$（即图 2-1-1 中 A、B 两点间有源二端网络的短路电流），$R_0 = R_{AB} = R_1 // R_2$（除去有源二端网络中全部电源后从端口两端的等效电阻）。

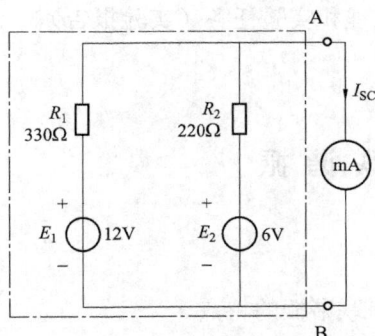

图 2-1-6　测量有源二端口网络短路电流　　　　图 2-1-7　等效电流源电路

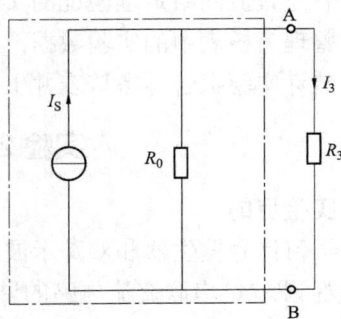

五、实验任务

1. 验证基尔霍夫定律

按图 2-1-1 所示电路接线（为防止电源短路，换接线路时，将直流稳压电源关掉），

$R_1 = 330\Omega$，$R_2 = 220\Omega$，$R_3 = 510\Omega$，$E_1 = 12V$，$E_2 = 6V$，用万用表分别测出各元件上的电压和各支路中的电流（测量电流时，务必将表串接在电路中，严禁与电源并联而烧坏仪表），将测量结果记入考核表 2-1 中。测量时注意随时转换万用表的测试挡，以图 2-1-1 中电压和电流的参考方向为准调换红表笔插孔。

2. 验证叠加原理

在完成任务 1 的基础上（E_1 和 E_2 共同作用时各支路的电流已测量可直接填入考核表中），分别按图 2-1-2 和图 2-1-3 所示电路接线，测量 E_1、E_2 单独作用时各支路的电流，将测量结果填于考核表中。

3. 验证等效电压源定理（戴维南定理）

在完成任务 1 的基础上（电流 I_3 已测量可直接填入考核表），将电路图 2-1-1 中电阻 R_3 拆掉，测量图 2-1-4 所示有源二端网络 A、B 间的开路电压 U_{OC} 和等效内阻 R_0 的值（测量电阻时，要将电源除去，严禁带电测量），将测得数据记入考核表中。根据戴维南定理，利用公式

$$I_3 = \frac{U_{OC}}{R_0 + R_3}$$

计算 I_3 的值，与实测值进行比较并计算误差。

*4. 验证等效电流源定理（诺顿定理）

将图 2-1-1 中 R_3 支路去掉，测有源二端网络 A、B 间的短路电流 I_{SC}（图 2-1-6）和等效电阻 R_0，将测量结果填于考核表中。

根据诺顿定理，利用公式

$$I_3 = \frac{R_0}{R_0 + R_3} I_{SC}$$

计算 I_3 的值并将计算结果填于考核表中，与实测值进行比较并计算误差。

六、实验报告

（1）叙述直流网络定理验证的实验目的、实验原理和实验任务（实验报告）。

（2）整理考核表中的实验数据，完成实验总结。

（3）装订实验报告与考核表并上交指导教师。

实验 2-2 RLC 串 联 谐 振

一、实验目的

（1）学习信号发生器和双踪示波器的使用方法。

（2）观测 RLC 串联交流电路的谐振波形，了解串联谐振的特点。

（3）测绘 RLC 串联谐振电路的频率特性曲线。

二、实验预习

（1）预习 RLC 串联交流电路的有关内容和串联谐振的特点。

（2）阅读附录中交流毫伏表、双踪示波器和函数信号发生器说明书。

（3）已知：$R = 51\Omega$、$C = 0.25\mu F$、$L = 10mH$，在忽略线圈电阻的情况下，计算 RLC 串

联交流电路的谐振频率 f_0 和品质因数 Q，如果 $R = 10\Omega$，品质因数将增大还是减少？

（4）阅读实验指导书，了解实验目的、实验原理、实验任务。

（5）认真填写实验 2-2 考核表中的预习思考 1、2、3。

三、实验设备

序号	设 备 名 称	数 量
1	双踪示波器	1
2	信号发生器	1
3	交流毫伏表	2
4	电工电子综合实验箱	1
5	导线	若干

四、实验原理

谐振是正弦电路在特定条件下产生的一种特殊物理现象。谐振现象在无线电和电工技术领域均得到广泛的应用，图 2-2-1 所示为 RLC 串联交流电路，在电压和电流的参考方向已知的情况下，电路中端电压 u 和电流 i 间的相位差与电路元件参数和电源的频率有关，在特定条件下会出现端电压与电流同相位，此时电路就发生了谐振，因为发生在串联电路中，所以称为串联谐振。

1. 串联谐振的条件

在图 2-2-1 所示 RLC 串联电路中，其复数阻抗为

$$Z = R + \mathrm{j}(X_\mathrm{L} - X_\mathrm{C}) = R + \mathrm{j}\left(\omega L - \frac{1}{\omega C}\right)$$

从上式可见电路的阻抗是频率的函数。

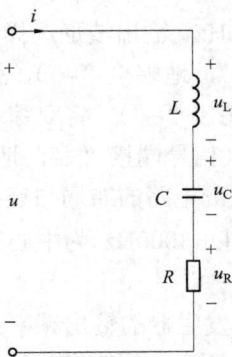

图 2-2-1 RLC 串联交流电路

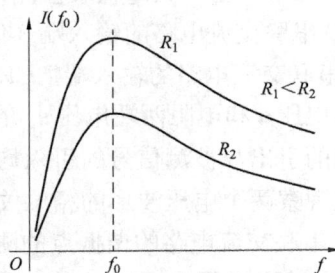

图 2-2-2 电流随频率变化的曲线

当 $X_\mathrm{L} = X_\mathrm{C}$ 或 $\omega L = \dfrac{1}{\omega C}$ 时，

$$\varphi = \arctan \frac{X_L - X_C}{R} = 0$$

此时（电源电压 u 与电流 i 的相位相同）电路发生谐振，谐振条件为

$$X_L = X_C \quad \text{或} \quad \omega L = \frac{1}{\omega C}$$

改变 RLC 串联电路的电源频率 f（使 $f = f_0$）或改变电路参数 LC 都可以使电路发生谐振。根据谐振条件可以推导出谐振频率为

$$f_0 = \frac{1}{2\pi \sqrt{LC}}$$

由于 f_0 为交流信号源的频率，故亦可称为电路的固有频率。

2. 串联谐振的特点

（1）串联谐振时，$|Z| = R$ 为最小值，电路呈电阻性，且 u、i 同相位。

（2）电流在谐振时达到最大，$I = I_0 = \dfrac{U}{R}$。

（3）电源电压 $U = U_R$。有时 $U_L = U_C$ 远大于 U。所以串联谐振又称为电压谐振，用品质因数 Q 表示 U_L、U_C 与 U 之间的关系，计算式为

$$Q = \frac{U_L}{U} = \frac{U_C}{U} = \frac{2\pi f_0 L}{R} = \frac{1}{2\pi f_0 CR}$$

式中，U_L 和 U_C 是电路谐振时，电感和电容两端的电压。

电流随频率变化的特性曲线如图 2-2-2 所示，曲线的尖锐程度与电路的品质因数有着密切关系。Q 值越大，谐振曲线越陡，电路对非谐振频率的信号具有强的抑制能力，所以选择性好。因此 Q 是反映谐振电路性质的一个重要指标。

五、实验任务

1. RLC 串联电路的谐振状态的测量

（1）RLC 串联电路的测量。在实验箱中选择电阻 $R = 51\Omega$、$C = 0.22\mu F$、$L = 10mH$，按电路图 2-2-1 连接电路。调节信号发生器的输出频率到 3000Hz，输出波形选择正弦波，输出电压有效值 $U = 2V$（由一只毫伏表监测，表的信号端接"+"，地端接"−"），信号发生器的输出接于 RLC 串联交流电路的输入端（信号端接"+"，地端接"−"），将双踪示波器的 CH_1 通道接 RLC 串联交流电路的输入端，CH_2 通道接电阻两端（信号端接"+"，地端接"−"），同时观测输入电压 u 和电阻两端电压 u_R 的波形，各仪器与被测电路的布局与连接如图 2-2-3 所示，信号源的引出与被测信号的引入均使用专用电缆线。以 3000Hz 为中心慢慢左右旋转频率调节旋钮观察两个电压波形的相位关系的变化。

（2）RLC 串联交流电路的谐振点的测量。调节低频信号发生器的输出频率为预习中计算的谐振频率 f_0，输出电压 $U = 2V$（由一只毫伏表监测）保持不变，用双踪示波器同时观察 u 和 u_R 的波形，逐渐调节频率直到 u 和 u_R 的波形完全同步即 u 与 i 同相，此时的频率即为谐振频率 f_0，将谐振频率 f_0 记录于实验 2-2 考核表中。

（3）RLC 串联谐振时各元件电压的测量。保持电路谐振不变，用另一块毫伏表输入端依次测量 RLC 三个元件的电压，将测量值记入考核表中。

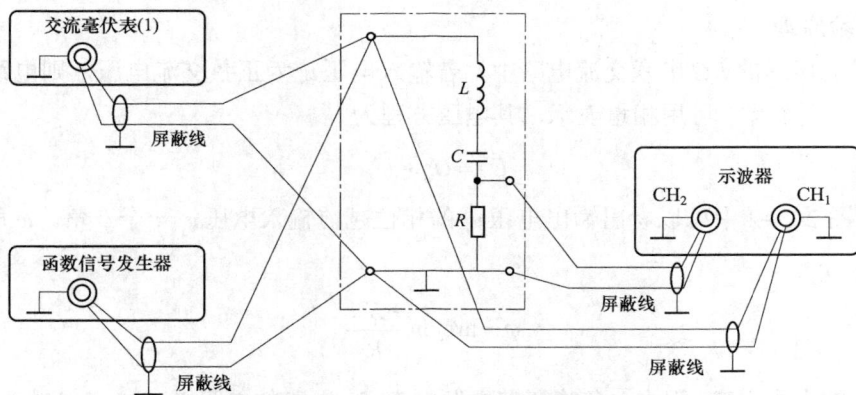

图 2-2-3 各仪器与被测电路的连接布局

2. *RLC* 串联交流电路的电流频率特性曲线的测量

（1）保持输入电压 $U = 2V$ 不变（如果变化应立即调回 2V），以谐振频率 f_0 为中心向上每增加 200Hz 测一次 U_R，再以谐振频率 f_0 为中心向下各减少 200Hz 测一次 U_R，上下各测 6 个点，将测量结果记录于考核表中，计算每点对应的电流 I，画出电流频率特性曲线。

（2）将 51Ω 改接为 10Ω 电阻重复步骤（1），比较两条特性曲线。

六、实验报告

（1）叙述串联谐振实验目的、实验原理和实验任务（实验报告）。

（2）整理实验数据，填写考核表 2-2 实验总结 1、2。

（3）装订实验报告与考核表并上交指导教师。

实验 2-3 电阻、电容移相电路

一、实验目的

（1）练习使用信号发生器、交流毫伏表和双踪示波器正确方法。

（2）观测 *RC* 移相电路中移相角与电源频率 f、电阻 R 之间的关系。

（3）了解阻容移相电路的应用和研究它的意义。

二、实验预习

（1）预习 *RC* 串联交流电路，计算 u_o 和 u_i 之间的相位差。

（2）阅读附录中交流毫伏表、双踪示波器和信号发生器使用说明。

（3）阅读并了解本实验目的、实验原理、实验任务。

（4）认真填写实验 2-3 考核表预习 1、2、3。

三、实验设备

序号	设 备 名 称	数 量
1	双踪示波器	1
2	信号发生器	1
3	交流毫伏表	2
4	电工电子综合实验箱	1
5	导线	若干

四、实验原理

图 2-3-1 所示的 RC 串联交流电路中，若输入电压 u_i 为正弦交流电压，则电路中各处的电压、电流、频率等，可用相量表示，其电压方程为

$$\dot{U}_i = \dot{U}_o + \dot{U}_C$$

从相量图 2-3-2 中可以看出输出电压 u_o 的相位越前输入电压 u_i 一个 φ 角。φ 角的大小可用下式计算

$$\varphi = \arctan \frac{-X_C}{R}$$

如果 $\dot{U}_i$ 的大小不变，那么 φ 角将随着电源频率 f、电路的电阻 R 或电容 C 的改变而改变，且 $\dot{U}_o$ 点的轨道始终在上半圆上（图 2-3-2）。

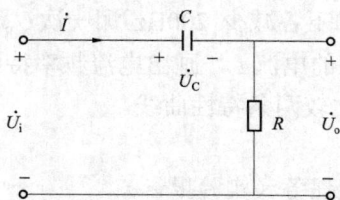

图 2-3-1　阻容移相电路　　　　　　　图 2-3-2　电阻输出阻容移相电路相量图

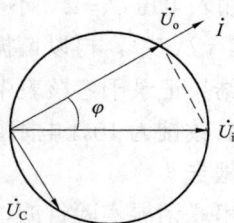

同理对图 2-3-3 所示电路。以 u_C 作为输出电压 u_o 时，则输出电压 u_o 滞后于输入电压 u_i 一个 φ 角，且 $\dot{U}_o$ 点的轨道始终在下半圆上，其相量图如图 2-3-4 所示。

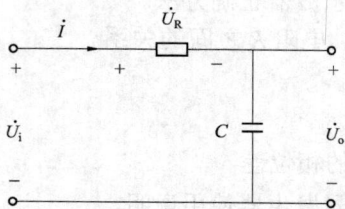

图 2-3-3　电容输出的阻容移相电路　　　图 2-3-4　电容输出阻容移相电路相量图

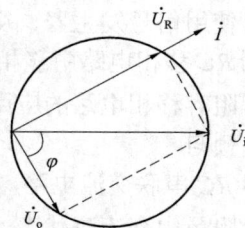

通过上面分析可知，不论以电阻 R 端电压还是电容 C 端电压作输出电压 u_o，输出电压与输入电压的相位差都随着频率 f、电阻 R 或电容 C 的变化而变化，这种作用效果称为阻容移相。

阻容移相环节，在电子技术领域具有广泛的应用，例如像阻容耦合电路、移相电路、积分电路、微分电路和滤波电路等。电路的输入电压 u_i 可由函数信号发生器产生，电路的输入、输出电压的波形及其移相角 φ 可通过双踪示波器观测，各部分电压有效值用交流毫伏表测量。

五、实验任务

1. 电阻元件作输出端时移相角 φ 随电阻变化的测量

按图 2–3–1 接线，调节低频信号发生器令频率 $f = 1\text{kHz}$，电压 $U_i = 2\text{V}$，保持 f、U_i 和 $C = 0.25\mu\text{F}$ 不变，令电阻分别为 $R = 51\Omega$、$R = 220\Omega$、$R = 330\Omega$、$R = 510\Omega$、$R = 10\text{k}\Omega$，用交流毫伏表测量 u_i、u_o 和 u_C 的有效值，将测量的结果填入考核表 2–3 中，用双踪示波器观测 u_i 和 u_o 的波形，注意观察移相角随电阻变化的情况。根据表中数据画出输出相量 $\dot{U}_o$ 末端的轨迹图（注意每次改变 R 值之后，必须调节信号发生器使 $U_i = 2\text{V}$ 保持不变）。

2. 电容元件作输出端时移相角 φ 随电阻变化的测量

在按图 2–3–3 接线，重复 1 中步骤，将测量的结果填入考核表 2–3 中。

3. 电阻作输出端时移相角 φ 随频率变化的测试

按图 2–3–1 接线，令 $U_i = 2\text{V}$、$R = 510\Omega$、$C = 0.22\mu\text{F}$ 不变，令频率分别为 $f = 1\text{kHz}$、$f = 2\text{kHz}$、$f = 3\text{kHz}$、$f = 4\text{kHz}$、$f = 5\text{kHz}$，用交流毫伏表测量 u_i、u_o 和 u_C 的有效值，将测量结果填入考核表中，用双踪示波器观测 u_i 和 u_o 的波形，并观察移相角随频率变化的情况（注意每次改变频率后，要重新调节信号发生器的输出电压，使之保持 $U_i = 2\text{V}$ 不变）。画出输出相量 $\dot{U}_o$ 末端的轨迹。

六、实验报告

（1）叙述电阻、电容移相电路实验目的、实验原理和实验任务（实验报告）。

（2）整理考核表 2–3 中的实验数据，完成实验总结 1、2、3。

（3）将装订实验报告与考核表并上交指导教师。

实验 2–4　荧光灯电路及功率因数的提高

一、实验目的

（1）了解荧光灯电路的组成和作用，练习荧光灯电路的连接。

（2）验证感性负载电路中电压、电流相量之间的关系。

（3）学习提高感性负载电路功率因数的方法。

（4）练习用功率表测量荧光灯电路的功率和功率因数。

二、实验预习

（1）复习 RLC 串联电路的理论知识，了解感性负载交流电路的基础知识。

（2）复习提高电感性负载功率因数的方法，了解功率因数与并联电容的关系。

（3）阅读实验指导书，了解实验目的、实验原理、实验任务。

（4）认真填写考核表 2–4 中的预习 1、2。

三、实验设备

EEL–I 型电工电子实验台

序号	名　　称	数　　量
1	交流电流表	3
2	交流电压表	3
3	功率表	1

续表

序号	名　称	数　量
4	镇流器	1
5	启动器	1
6	电容器	4
7	荧光灯管	1
8	自偶调压器	1
9	导线	若干

四、实验原理

1. 荧光灯电路的组成

荧光灯主要由三部分组成，分别为灯管、镇流器和启动器。灯管是荧光灯的主体，它的结构如图 2-4-1 所示。在灯管内壁上均匀涂有一层荧光粉，灯管抽真空后内充有少量惰性气体和水银蒸气，两端各安装一个电极，电极由钨丝制成，受热能发射电子，电极起着阳极或阴极的作用。启动器在荧光灯电路中具有自动开关作用，其结构如图 2-4-2 所示。在外壳内装着一个充有氩氖混合惰性气体的玻璃泡，泡内由静触片和动触片组成。动触片用双金属片制成倒 U 形，由于内层金属的热膨胀系数较外层金属的大，所以动触片受热后膨胀，与静触片连接；冷却后自动收缩复位，与静触片脱离。两个触片间并联一只电容器，其作用是消除火花对电气设备的影响，并与镇流器组成振荡电路，延迟灯丝预热时间，有利于荧光灯启动。镇流器又称限流器，能将通过灯管的电流限定在额定值内。目前最常用的镇流器是电感镇流器，是具有一定电感量的铁心线圈。

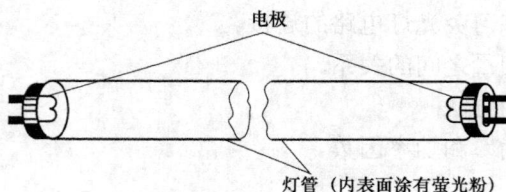

图 2-4-1　荧光灯管

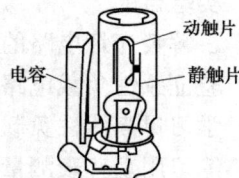

图 2-4-2　启动器

2. 荧光灯电路的工作原理

荧光灯接线电路如图 2-4-3 所示，开关 S 接通时，电源电压通过镇流器和灯管加到启动器的两端。220V 的电压使启动器内惰性气体电离，产生辉光放电。辉光放电的热量使双金属片受热膨胀，两触片连接。电流通过镇流器、启动器触片和灯两端电极构成通路。灯管电极被电流加热，发射出大量电子，同时，由于启动器两极闭合，两极间电压为零，辉光放电消失，管内温度降低；双金属片自动复位，触片断开。在两极断开的瞬间，电路电流突然切断，镇流器产生很大的自感电动势，与电源电压叠加后作用于管两端。灯管电极受热继续发射大量电子，电子以极大的速度由低电位端向高电位端运动，在加速运动的过程中，碰撞管内惰性气分子，使之迅速电离。惰性气体电离生热，使水银蒸气电离，并发出强烈的紫外线。

在紫外线的激发下，管壁内的荧光粉发出近乎白色的可见光。

灯管点亮后，电流通过镇流器产生电压降，镇流器起限流作用。这时灯管两端电压和启动器两端电压都低于电源电压，不足以使启动器放电，所以启动器触片不会再次闭和，这时由电源、镇流器和灯管构成一个感性负载回路。

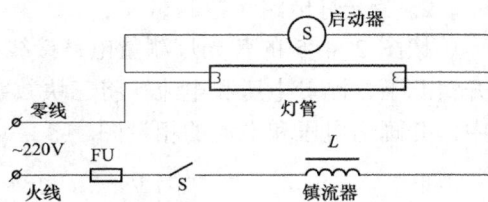

图 2-4-3　荧光灯接线电路

3. 荧光灯电路功率因数的提高

荧光灯是电感性负载，它的功率因数较低，为了有效利用电能有必要提高感性负载的功率因数，一般常采用的方法是在感性负载两端并联一个电容元件，电路图和相量图如图 2-4-4（a）、（b）所示。并联电容前，电路的总电流就是负载的电流 $\dot{I}_{RL}$，电路的功率因数就是负载的功率因数 $\cos\varphi_{RL}$。并联电容后，电路的总电流 $\dot{I} = \dot{I}_{RL} + \dot{I}_C$，通过相量图可知，并联电容后，电路的总电流减小了，从而减小了传输线路和供电设备的功率损耗。电路的功率因数变为 $\cos\varphi$。由于 $\varphi < \varphi_{RL}$，所以 $\cos\varphi > \cos\varphi_{RL}$，在电感性负载上并联电容后，整个负载的功率因数并未发生变化，而整个电路的功率因数得到提高，从而提高了设备的利用率，只要电容 C 选择合理，便可将电路的功率因数提高到期望的数值。

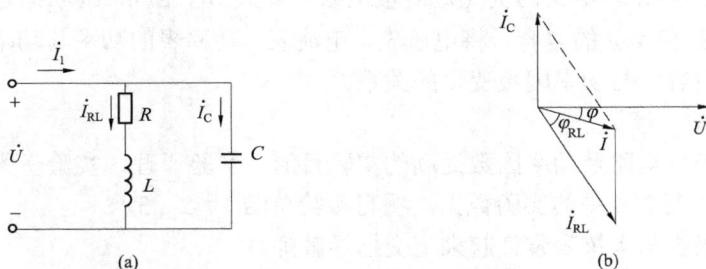

图 2-4-4　荧光灯并联电容提高功率因数

（a）电路图；（b）相量图

4. 荧光灯电路的测量

本实验测量电路如图 2-4-5 所示，采用 3 块数字式电流表测量电流 I、I_C 和 I_{RL}，连接电路时电流表要与被测支路的负载串联连接；采用 3 块数字式电压表测量电压 U、U_R 和 U_L，连接电路时电压表要与被测支路的负载并联连接；采用 1 块数字式功率表测量功率和功率因数，功率表由一个电流线圈和一个电压线圈构成，电流线圈和电压线圈同名端上标有"＊"号，将带"＊"的两端连接在一起连接电路时电流线圈与负载串连连接，电压线圈并联到电源上。

五、实验任务

1. 荧光灯电路的连接

将数字电压表并联在任意火线端 U（V、W）与零线端 N 之间，打开电源开关，调节自耦调压器直至电源相电压为 220V，断开电源。按图 2-4-3 连接荧光灯电路，经指导教师检查无误后接通电源，观察启动器与荧光灯的变化，记录结果后断开电源。

2. 荧光灯电路参数测量

按图 2-4-5 的荧光灯测量电路接线，接通电源，待荧光灯点亮，在开关 S_1、S_2 和 S_3 断开情况下，测量电压和电流，将三块数字式电压表、电流表和功率表读数记录在考核表 2-4 中，并画出电压和电流的相量图。

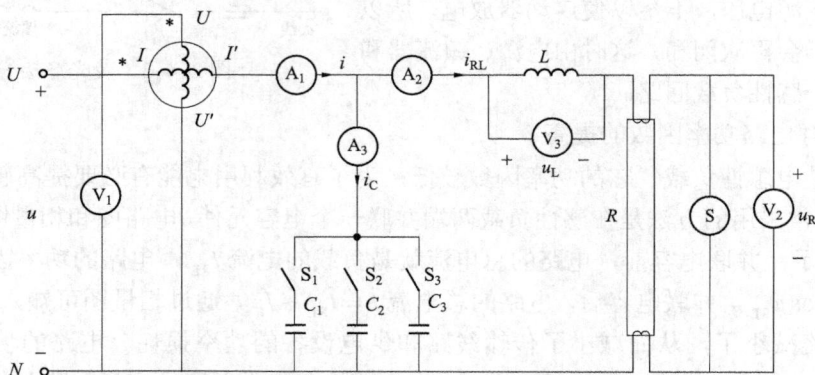

图 2-4-5　荧光灯测量电路

3. 荧光灯电路功率因数的提高

接通电源，控制图 2-4-5 的荧光灯测量电路中开关 S_1、S_2 和 S_3 状态，使荧光灯分别并联 1uF、2uF、3uF 和 4uF 的电容，将电压表、电流表、功率表的功率与功率因数记录在考核表中，分析改变电容值与功率因数变化的关系。

六、实验报告

（1）叙述荧光灯电路及功率因数提高的实验目的、实验原理、实验任务（实验报告）。

（2）整理考核表 2-4 中的实验数据，撰写实验总结 1、2、3。

（3）将实验报告与考核表装订起来上交指导教师。

实验 2-5　三相交流电路

一、实验目的

（1）练习三相交流电路负载作 Y 联结和 △ 联结的接线方法。

（2）验证三相负载作 Y 联结时，对称和不对称两种情况下线电压与相电压，线电流与相电流之间的关系。

（3）验证三相对称负载△联结时，线电流与相电流之间的关系。

（4）了解三相交流电路中线的作用，掌握三相三线制和三相四线制两种供电方式。

二、实验预习

（1）复习三相交流电路零点、相线、零线、三相三线制和三相四线制供电理论知识。

（2）复习三相交流电路负载作 Y 联结和△联结时相电压与线电压、相电流与线电流之间的关系。

（3）阅读实验指导书，了解实验目的、实验原理、实验任务。

（4）认真填写实验 2-5 考核表中的预习 1、2。

三、实验设备

EEL-I 型电工电子实验台

序号	名　　称	数　量
1	数字式交流电流表	3
2	交流电流表	2
3	数字式交流电压表	3
4	灯泡负载	8
5	交流电流表插座	7
6	自耦调压器	1
7	导线	若干

四、实验原理

1. 三相对称电源的 Y 联结

三相对称电源 Y 联结即将三相绕组的末端连接成一点为中性点或零点，用字母 N 表示，从中性点引出的传输线称为中性线或零线。从首端引出的三条传输线称为相线或端线，俗称火线，如图 2-5-1（a）所示。零线和火线引出四条或三条传输线，称为三相四线制或三相三线制供电。

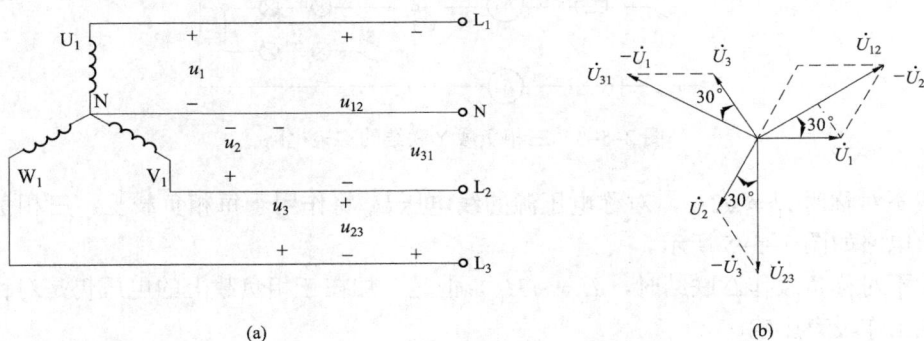

图 2-5-1 三相对称电源的 Y 联结

两相线间的电压称为线电压，有效值用 U_{12}、U_{23}、U_{31} 或者用 U_L 表示；相线与中性线间的电压称为相电压，有效值用 U_1、U_2、U_3 或者用 U_P 表示。

图 2-5-1（b）所示为线电压与相电压的相量图，线电压在相位上超前与之对应相电压 30°。线电压有效值相量与相电压有效值相量的关系为

$$\dot{U}_l = \sqrt{3}\dot{U}_p \angle 30°$$

2. 三相负载的 Y 联结

三相负载可接成 Y 或 △，当三相对称负载作 Y 联结时如图 2-5-2 所示，三相负载的末端连接成一点，并与电源的中点相连，三相负载的首端与电源的相线连接，称为三相四线制供电，每相绕组流过的电流为相电流，有效值相量表示为 $\dot{I}_1$、$\dot{I}_2$、$\dot{I}_3$；端线中流过的电流为线

电流，有效值相量表示为 $\dot{I}_{L1}$、$\dot{I}_{L2}$、$\dot{I}_{L3}$。作用在每相负载上的电压即电源的相电压 U_P，电源的线电压 $U_L = \sqrt{3}U_P$。线电流 I_L 等于相电流 I_P 即 $I_L = I_P$。三相对称负载 Y 联结的实验电路如图 2-5-3 所示。

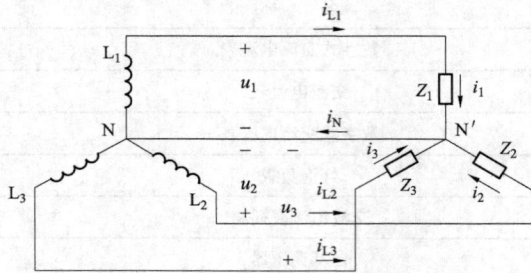

图 2-5-2　负载的 Y 联结

3. 三相负载的△联结

负载△联结电路如图 2-5-4 所示。每相负载依次首尾连接成三角形，作用于每相负载的电压等于电源的线电压 U_L，当三相负载对称时，线电流 $I_L = \sqrt{3}I_P$。

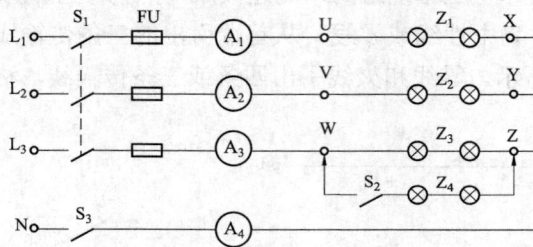

图 2-5-3　三相负载 Y 联结的实验电路

负载不对称时 $I_L \neq \sqrt{3}I_P$，对称电压源的线电压 U_L 将作用于每相负载上。三相负载△联结的实验电路如图 2-5-5 所示。

对于不对称负载作△联结时，$I_L \neq \sqrt{3}I_P$，但是，加在三相负载上的电压仍是对称的，对各相负载工作没有影响。

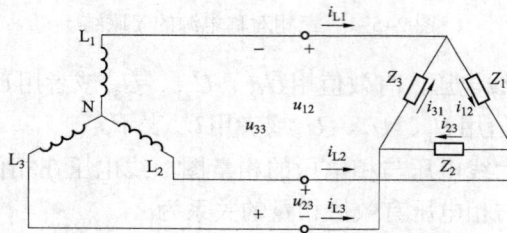

图 2-5-4　三相负载△联结电路图

五、实验任务

1. 三相负载 Y 联结三相四线制供电电路的测量

（1）调节自耦变压器使电源某一相线电压为 380V，并测量其他两相线电压，将测量值记入考核表 2-5 中，断开电源。

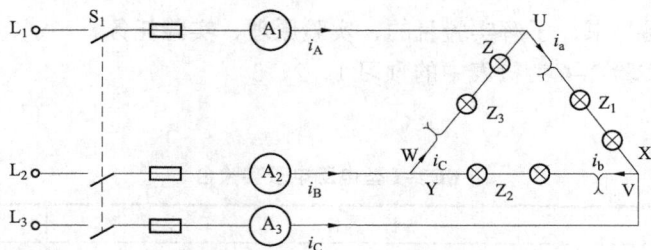

图 2-5-5　三相对称负载△联结实验电路图

（2）按图 2-5-3 连接实验电路，接通电源，将开关 S_1 和 S_3 闭合，S_2 断开，用数字式电压表和电流表测量对称负载 Y 联结时各相负载电压、线电流或相电流和中线电流（注意：电压表与三相负载并联连接，电流表串联连接在电路中），并记入考核表 2-5 中。

（3）将开关 S_2 闭合，重复任务 1（2），测量各相负载的相电压、线电流或相电流和中线电流，并记入考核表 2-5 中，断开电源。

2. 三相负载 Y 联结三相三线制供电电路的测量

（1）接通电源，保持电源线电压 380V 不变，将开关 S_2 和 S_3 断开，测量三相对称负载的相电压、线电流或相电流，并记入考核表 2-5 中，断开电源。

（2）将开关 S_2 闭合，重复任务 2（1），测量三相不对称负载的相电压、线电流或相电流并记入考核表 2-5 中。

3. 三相对称负载△联结电路的测量

（1）调节自耦变压器使电源某一相线电压为 220V，并测量其他两相线电压，将测量值记入考核表 2-5 中，断开电源。

（2）按图 2-5-5 连接实验电路，接通电源，将开关 S_1 闭合，记录三块数字式流表测出的线电流 I_{L1}、I_{L2}、I_{L3}。将专用的插头连接于交流电流表两端，依次插入图 2-5-5 电路的三个插孔，测量相电流 I_{12}、I_{23}、I_{31}，并将测量结果记入考核表 2-5 中。

六、实验报告

（1）叙述三相交流电路实验的基本实验目的、实验原理、实验任务。

（2）整理考核表 2-5 中的实验数据，撰写实验总结 1、2、3。

（3）将实验报告与考核表 2-5 装订起来上交指导教师。

实验 2-6　三相异步交流电动机的直接起动控制

一、实验目的

（1）了解按钮、交流接触器和热继电器等常用控制电器的结构和工作原理。

（2）学习设计三相异步电动机直接起动控制线路，掌握自锁概念和实现方法。

（3）加深对三相异步电动机直接起动、点动和自锁正转直接起动控制过程的理解。

（4）练习设计两地控制电动机直接起动的控制线路。

二、实验预习

（1）预习几种常用低压控制电器的工作原理和电路符号。

（2）预习三相异步交流电动机铭牌数据，掌握点动及自锁概念和控制线路的设计。

（3）阅读实验指导书，了解实验目的、实验原理、实验任务。

（4）认真填写实验 2-6 考核表中的预习 1、2、3。

三、实验设备

EEL-I 型电工电子实验台

序号	名　　称	数　量
1	自耦调压器	1
2	三相异步电动机	1
3	交流接触器	1
4	熔断器	5
5	热继电器	1
6	按钮	2
7	导线	若干

四、实验原理

1. 三相异步交流电动机直接起动

直接起动也叫全压起动，其方法是通过直接起动设备如刀开关或接触器将全部电源电压（即全压）直接加到异步电动机的定子绕组，使电动机在额定电压下进行起动，这种起动方法操作简便、起动时间短、所需设备少，是经常被采用的方法。但这种方法的缺点是起动电流大，仅限于功率小于 7.5kW 的异步电动机。

2. 低压控制电器

（1）按钮。按钮在三相异步交流电动机的控制电路中，用于手动发出控制信号以控制接触器、继电器、电磁起动器等。按钮是由按钮帽、复位弹簧、桥式触点和外壳组成，其图形符号如图 2-6-1（a）所示。

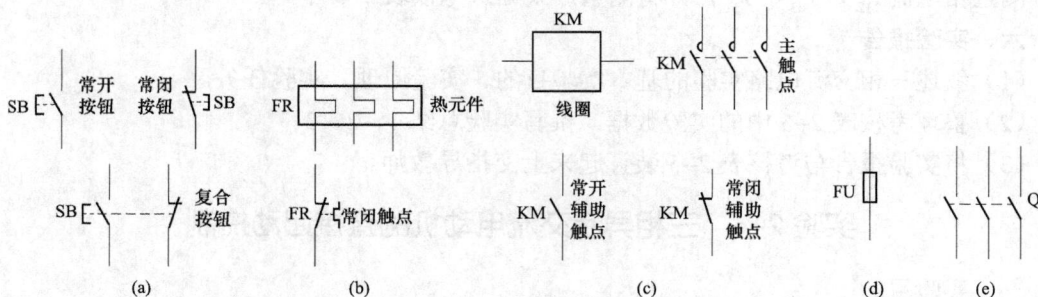

图 2-6-1　低压控制电器

（2）热继电器。热继电器在三相异步交流电动机的控制电路中，用于过载保护，当电动机过载发热时，它由发热元件、双金属片、触点及一套传动和调整机构组成。发热元件是一段阻值不大的电阻丝，串接在被保护电动机的主电路中。双金属片由两种不同热膨胀系数的金属片压成。下层金属片热膨胀系数比上层大，当电动机过载时，通过发热元件的电流超过额定电流，双金属片受热向上弯曲脱离扣板，使常闭触点断开。由于常闭触点是接在电动机的控制电路中的，它的断开会使得与其连接的接触器线圈断电，从而接触器主触点断开，电动机的主电路断电,实现过载保护。热继电器的图形符号如图 2-6-1(b)所示。

(3)交流接触器。交流接触器主要包括电磁系统、触头系统、灭弧装置及其他附件。其中,电磁系统包括吸引线圈、静铁心和动铁心,触头系统与动铁心连接在一起相互联动,主要包括三组主触头和一两组常开、常闭辅助触头,灭弧装置用于迅速切断电源,避免烧坏主触头,常装于容量较大的交流接触器中,除以上三大部分外,交流接触器还包括绝缘外壳、各种弹簧、传动机、接线柱等附件。交流接触器的图形符号如图 2-6-1(c)所示。

(4)熔断器。熔断器作为短路保护电器,对于容量小的电动机和照明支线,熔体的熔化系数可以适当小些。通常选用铅锡合金熔体的 RQA 系列熔断器。对于较大容量的电动机和照明干线,则应着重考虑短路保护和分断能力。通常选用具有较高分断能力的 RM10 和 RL1 系列的熔断器;当短路电流很大时,宜采用具有限流作用的 RT0 和 RT12 系列的熔断器。熔断器的图形符号如图 2-6-1(d)所示。

(5)低压断路器。低压断路器既起手动开关作用,又能实现失电压、欠电压、过载和短路保护,又称自动空气开关或自动空气断路器,能控制三相异步交流电动机的起动。低压断路器的图形符号如图 2-6-1(e)所示。

3. 三相异步电动机的点动控制

三相异步电动机的点动控制是设计直接起动控制线路的基础,主电路由三相交流电源、熔断器、交流接触器主触点 KM、热继电器 FR 热元件及三相异步交流电动机,该部分电路流过电流较大,控制电路由熔断器、热继电器 FR 的常闭动断触点、起动按钮 SB 及接触器线圈 KM。控制线路如图 2-6-2 所示。

4. 三相异步交流电动机的自锁正转起动控制

在点动控制的基础上,保持主电路不变,控制电路增加停止按钮 SB_1,并在起动按钮两端并联自锁触点 KM,三相异步交流电动机自锁正转起动控制线路如图 2-6-3 所示。电动机起动时,按下起动按钮 SB_2,接触器 KM 线圈通电,接触器的三对常开动合主触点 KM 闭合,电动机与电源连接起动运行,此时并联起动按钮于两端的常开动合辅助触头 KM 闭合,将起动按钮短接,起动按钮复位后能保证接触器的线圈通电,电动机自锁正转起动运行。按下停止钮 SB_1,接触器线圈断电,KM 复位,电动机停止运行。

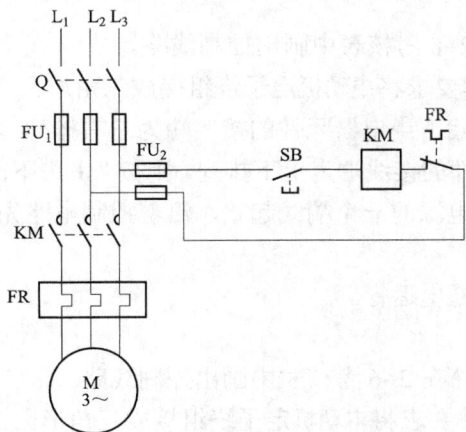

图 2-6-2 电动机点动控制线路　　　　图 2-6-3 电动机自锁正转起动控制线路

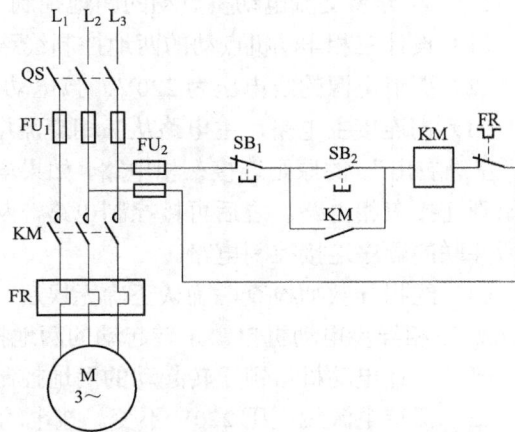

5. 三相异步交流电动机既能点动又能自锁正转起动控制

在三相异步交流电动机的自锁正转起动控制基础上，保持主电路不变，控制电路自锁触点 KM 串联复合常闭按钮 SB$_3$，SB$_3$ 的复合常开按钮并联于启动按钮 SB$_2$ 两端，如图 2-6-4 所示，按下 SB$_2$，接触器 KM 线圈通电，电机自锁正转起动，按下 SB$_3$ 时，线圈 KM 通电，主触点 KM 闭合，电动机起动，而自锁触点 KM 断开，松开 SB$_3$ 时，线圈 KM，实现电动机的点动控制，当按下起动按钮 SB$_2$ 时，电动机自锁正转起动。

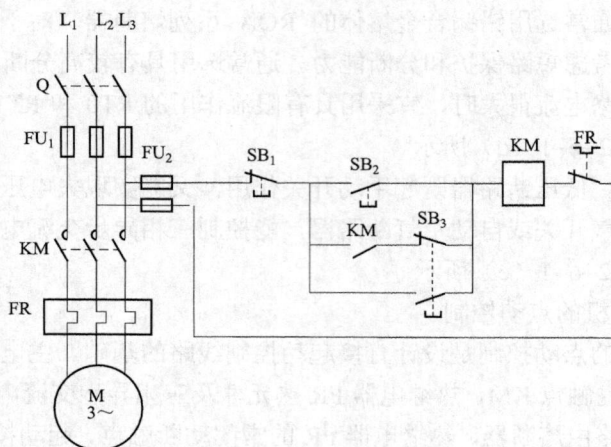

图 2-6-4　电动机既能点动又能自锁正转起动控制线路

一台设备通常使用多个操作盘或按钮，从而实现多地点控制，两地控制电动机起动按钮应采用并联连接，如图 2-6-5（a）所示，两地控制电动机停止按钮应采用串联连接，如图 2-6-5（b）所示。

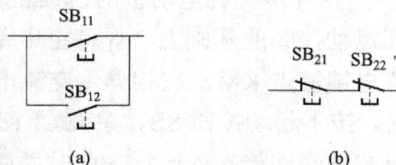

图 2-6-5　两地控制电动机起动和停止按钮接线图

五、实验任务

1. 三相异步交流电动机点动的两地控制

（1）设计三相电动机点动的两地控制线路，在 2-6 考核表中画出控制线路。

（2）调节电源的线电压为 220V。按电动机铭牌要求将电动机定子绕组接成三角形。

（3）先连接主电路，主电路从三相交流电源开始，当电器元件的接线端为左右排列，则按"左进右出"的原则连接三相电路。如果电器元件的接线端为上下排列，则按"上进下出"的原则连接三相电路。之后再接控制电路，从三相电源的一个端线起始，沿着控制电路先串联后并联的顺序连接控制电路。

（4）经指导教师检查，确认正确无误后，方可通电运行。

2. 三相异步电动机自锁正转起动的两地控制

（1）设计电动机自锁正转起动的两地控制线路，在 2-6 考核表中画出控制线路。

（2）保持电源线电压 220V 不变。按电动机铭牌要求将电动机定子绕组接成三角形。

（3）按所设计的控制线路接线，遵循"左进右出"和"上进下出"的原则先接主电路，再接控制电路。

（4）经指导教师检查，确认正确无误后，方可通电运行。

*3. 三相异步电动机既能点动又能自锁正转起动的控制

（1）保持电源的线电压为 220V 不变，将电动机定子绕组接成三角形。

（2）按图 2-6-4 所示控制线路接线，接控制电路时，可以按照"先接串联电路、后接并联电路"的顺序进行接线。

（3）经指导教师检查，确认正确无误后，方可通电运行。

六、实验报告

（1）叙述三相异步交流电动机直接起动的实验目的、实验原理和实验任务（实验报告）。

（2）对设计控制线路通电运行情况加以分析，撰写实验总结 1、2、3。

（3）将实验报告与考核表装订起来上交指导教师。

实验 2-7 三相异步交流电动机的正反转控制

一、实验目的

（1）掌握三相异步交流电动机正转和反转的工作原理。

（2）理解电气联锁的概念和缺点，了解机械联锁的作用和实现方法。

（3）学习电动机正反转控制线路的设计，练习带双重联锁正反转控制线路的连接方法。

二、实验预习

（1）预习三相异步交流电动机正转的工作原理，以及实现电动机反转的方法。

（2）预习接触器、复式按钮、热继电器、熔断器和组合开关等低压电器图形符号和在控制电路中的作用。

（3）阅读实验指导书，了解实验目的、实验原理和实验任务。

（4）认真填写实验 2-7 考核表中的预习 1、2。

三、实验设备

EEL-I 型电工电子实验台

序号	名　　　称	数　　量
1	自耦调压器	1
2	三相异步电动机	1
3	交流接触器	2
4	熔断器	5
5	热继电器	1
6	复合按钮	2
7	导线	若干

四、实验原理

1. 三相异步交流电动机正反转原理

当三相异步电动机的定子绕组通有三对称交流电流时，在电动机定子和转子空间产生旋转磁场。旋转磁场切割转子导体产生感应电动势和电流，同时带电的转子在磁场中受到电磁力的作用，产生电磁转矩，驱动电动机转动，旋转磁场的转速称为同步转速，用 n_0 表示，单位为转每分（r/min），它与电源频率 f、电动机的磁极对数 p 有关，它们的关系

$$n_0 = \frac{60f}{p}$$

旋转磁场的方向是由三相绕组中电流相序决定的，若想改变旋转磁场的方向，只要改变通入定子绕组的电流相序，即将三根电源线中的任意两根对调即可。

2. 三相异步交流电动机电气联锁正反转控制

图 2-6-3 为电动机自锁正转起动控制线路，实现电动机正反转控制需要增加一个反转交流接触器，电动机正反转控制线路如图 2-7-1 所示，电路中的两个交流接触器 KM_1 和 KM_2 用来控制电动机正转自锁和反转自锁起动，采用正转（反转）常闭辅助触点使另一个反转（正转），接触器主触点不能通电动作方法可以避免 KM_1、KM_2 主触点同时闭合发生相间短路故障，这种方法称为电气联锁。

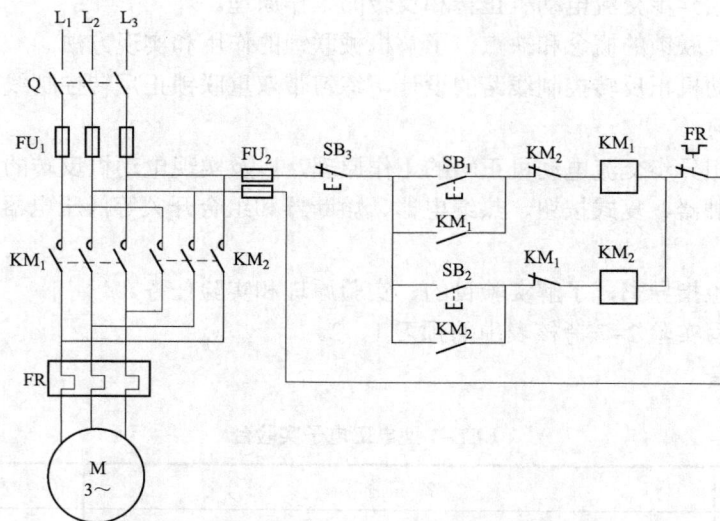

图 2-7-1　三相异步交流电动机电器联锁正反转控制线路图

3. 三相异步交流电动机机械联锁正反转控制

三相异步交流电动机电气联锁正反转控制电路的缺点是：正转改反转，要先按停止按钮 SB_3，让触点 KM_1 闭合后，方可按反转起动按钮使电动机反转起动，采用复合按钮联锁控制电路能够克服以上缺点，这种复合按钮的联锁电路称为机械联锁。三相异步交流电动机机械联锁正反转控制电气原理图如图 2-7-2 所示。复合按钮的特点是，不论是按下还是松开，触点状态都是先断后合，在电动机正转时直接按下反转起动按钮，电动机即停止正转而反转起动，反转变为正转控制原理类似。既有电气联锁又有机械联锁的控制称为双重联锁控制。

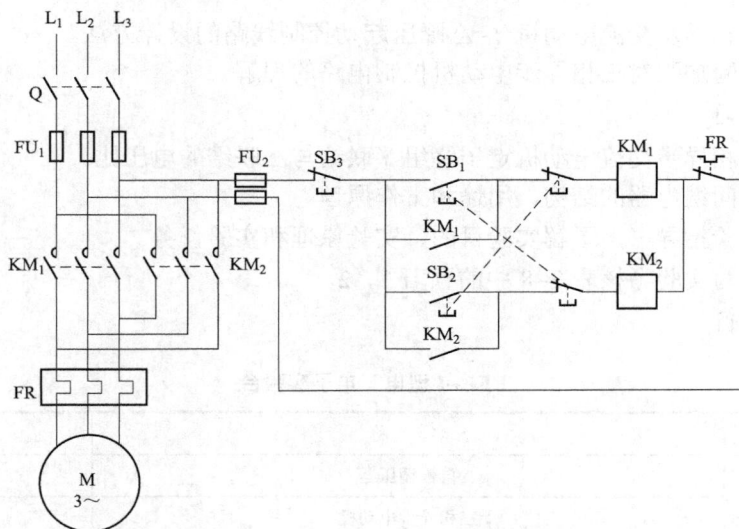

图 2-7-2   电动机复式按钮互锁（机械互锁）正反转控制电路

五、实验任务

1. 三相交流电动机电气联锁正反转控制

（1）调节电源的线电压为 220V。按电动机铭牌要求将电动机定子绕组接成三角形。

（2）按图 2-7-1 三相异步交流电动机电气联锁正反转控制线路接线，按照"左进右出"和"上进下出"的原则连接主电路和控制电路，注意主电路的三相应同时连接，控制线路要按照先串联后并联的顺序连接。

（3）经指导教师检查，确认正确无误后，才可通电运行。

2. 三相异步交流电动机双重联锁正反转控制

（1）设计三相异步交流电动机双重联锁正反转控制线路，在考核表 2-7 中画出设计的控制线路。

（2）调节电源的线电压为 220V，按电动机铭牌要求将电动机定子绕组接成三角形。

（3）按所设计的控制线路接线，按照"左进右出"和"上进下出"的原则连接主电路和控制电路，注意主电路的三相接线应同时进行，控制线路要按照先串联后并联的顺序连接。

（4）经指导教师检查，确认正确无误后，才可通电运行。

六、实验报告

（1）叙述三相异步交流电动机正反转控制的实验目的、实验原理和实验任务（实验报告）。

（2）撰写实验总结 1、2、3、4。

（3）将实验报告与考核表装订起来上交指导教师。

实验 2-8   三相异步交流电动机 Y-△换接降压起动控制

一、实验目的

（1）了解三相异步交流电动机 Y-△降压起动的条件。

（2）了解时间继电器的种类、结构及工作原理。

（3）掌握三相异步交流电动机 Y–△降压起动控制线路的设计方法。

（4）通过实验加强对三相异步电动机控制电路的理解。

二、实验预习

（1）预习三相异步交流电动机定子绕组 Y 联结与△联结的电压比。

（2）预习时间继电器的结构、用途和工作原理。

（3）阅读实验指导书，了解实验目的、实验原理和实验任务。

（4）认真填写实验考核表 2–8 中的预习 1、2。

三、实验设备

EEL–I 型电工电子实验台

序号	名　称	数　量
1	自耦调压器	1
2	三相异步电动机	1
3	交流接触器	3
4	熔断器	5
5	热继电器	1
6	复合按钮	2
7	导线	若干

四、实验原理

1. 三相异步交流电动机 Y–△换接降压起动

Y–△换接起动法是指在三相异步交流电动机起动时，定子绕组 Y 联结，当电机转速为额定转速时，将定子绕组换接为△联结，这种方法适用于正常运行时定子绕组为△联结的三相异步交流电动机。定子绕组的 Y 联结如图 2–8–1（a）所示，△联结如图 2–8–1（b）所示。

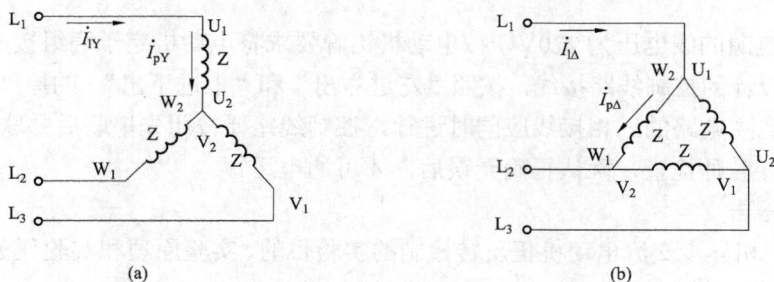

(a)　　　　　　　　　　　　　　(b)

图 2–8–1　Y–△换接降压起动定子绕组接线图

电机定子绕组接成△时每相绕组的相电压是 Y 联结起动时的 $\sqrt{3}$ 倍，即

$$U_{\mathrm{P}\triangle} = \sqrt{3}\,U_{\mathrm{PY}}$$

而 Y 联结起动时的电流为

$$I_{\mathrm{IY}} = I_{\mathrm{PY}} = \frac{U_1}{\sqrt{3}\,|Z|}$$

当定子绕组改接为△联结时的电流为

$$I_{1\triangle} = \sqrt{3}I_{P\triangle} = \sqrt{3}\frac{U_1}{|Z|}$$

比较上面两式，可得

$$\frac{I_{1Y}}{I_{1\triangle}} = \frac{1}{3}$$

通过以上分析可知 Y-△换接降压起动的电流是直接起动的 1/3。由于起动转矩与电压的二次方成正比，因此降压起动时起动转矩也是直接起动的 1/3。Y-△换接降压起动方法简单，适于轻载起动。

2. 时间控制

按照设定时间控制电动机起动或停止需要通过时间的控制来实现。时间控制通常采用时间继电器实现，时间继电器能在输入信号后，在设定时间产生跳跃式变化，用来接通或切断较高电压、较大电流的电路，是一种利用电磁原理或机械原理实现延时控制的控制电器。通电延时时间继电器的图形符号如图 2-8-2 所示。

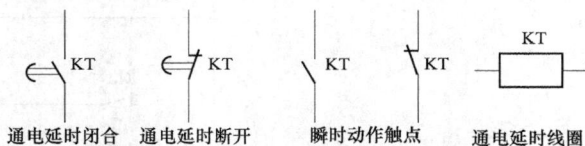

通电延时闭合　　通电延时断开　　瞬时动作触点　　通电延时线圈

图 2-8-2　通电延时时间继电器的图形符号

3. 三相异步交流电动机 Y-△换接降压起动的控制

利用通电延时时间继电器可以实现电动机 Y-△换接降压起动的控制，主电路如图 2-8-3（a）所示，图中 L_1、L_2 和 L_3 接三相电源，低压断路器 Q 用来实现手动接通或断开三相电源，交流接触器主触点 KM 用来自动引入或断开电源，交流接触器主触点 KM_Y 和 $KM_\triangle$ 分别用来实现电动机定子绕组 Y 联结起动和△联结运行，热继电器 FR 的热元件用来实现主电路的过载保护，熔断器 FU_1 用来实现主电路的短路保护。主电路如图 2-8-3（b）所示，低压断路器 Q 闭合时，按下启动按钮 SB_1，交流接触器主触点 KM_Y 线圈通电，KM_Y 主触点和辅助触点闭合，电动机定子绕组为 Y 联结，同时交流接触器 KM 和时间继电器 KT 的线圈通电，KM 主触点和辅助触点闭合，当设定时间到时，继电器 KT 通电延时断开触点动作，电动机定子绕组换为△联结运行，按下停止按钮 SB_2，电动机停止运行。由于 KM_Y 和 $KM_\triangle$ 线圈不能同时通电，在 KM_Y 或 $KM_\triangle$ 线圈所在支路串联 $KM_\triangle$ 或 KM_Y，常闭动断辅助触点实现联锁控制。

五、实验任务

调节电源的线电压为 220V 后断开电源。按照"左进右出"和"上进下出"的原则连接主电路和控制电路。

（1）按图 2-8-3（a）连接三相异步交流电动机 Y-△换接降压起动主电路，注意按照先串联后并联的顺序三相同时连接。

（2）按图 2-8-3（b）连接三相异步交流电动机 Y-△换接降压起动控制电路，注意按照先串联后并联的顺序从三相电源 L_1 起始连接各控制元器件最后回到 L_2。

（3）经指导教师检查，确认正确无误后，才可通电运行，调整时间继电器延时时间，观察电机运行情况。

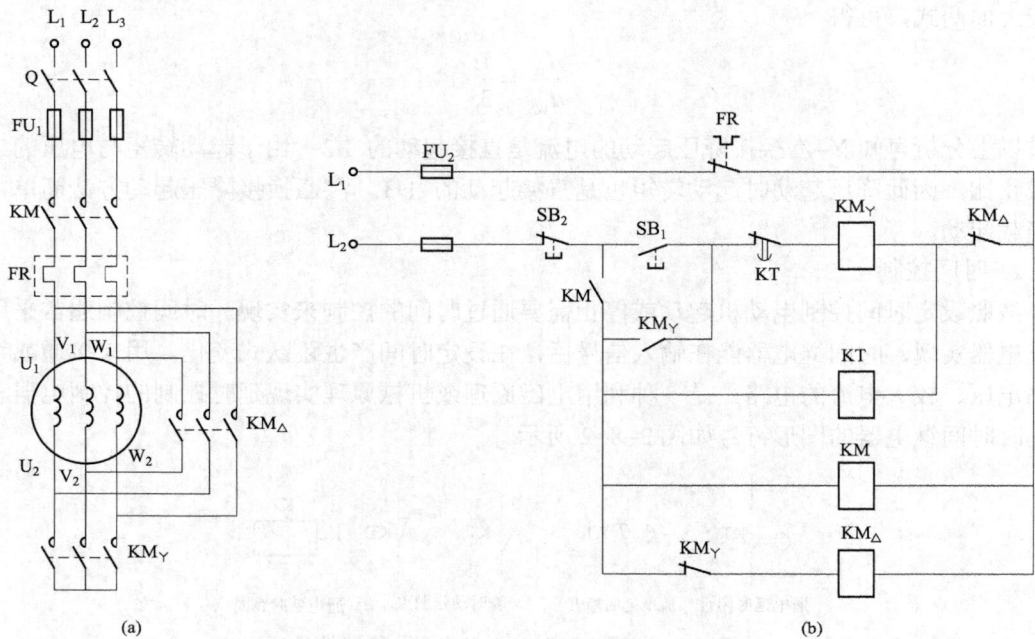

图 2-8-3　三相异步交流电动机 Y-△换接降压起动的控制线路

六、实验报告

1. 叙述三相异步交流电动机 Y-△换接降压起动的实验目的、实验原理和实验任务（实验报告）。

2. 撰写实验总结 1、2、3。

3. 将实验报告与考核表装订起来上交指导教师。

第 3 章 电 子 技 术 实 验

实验 3–1 模 拟 信 号 的 测 量

一、实验目的

（1）掌握正弦交流电压信号的周期和电压峰峰值 U_{pp} 的测量方法。

（2）学习双踪示波器、函数信号发生器和交流毫伏表性能及正确使用方法。

（3）初步掌握利用双踪示波器测量两同频率正弦信号的相位差。

二、实验预习

（1）预习模拟信号（正弦交流信号）的三要素及相关内容。

（2）预习示波器、函数信号发生器和交流毫伏表的使用方法。

（3）阅读实验指导书，了解实验目的、实验原理和实验任务。

（4）认真填写实验报告考核表 3–1 中的预习内容。

三、实验设备

序号	名　称	数　量
1	电工电子综合实验箱	1
2	双踪示波器	1
3	交流毫伏表	1
4	函数信号发生器	1
5	直流稳压电源	1
6	导线	若干

四、实验原理

　　模拟信号是指用连续变化的物理量表示的信息，其信号的幅度、频率或相位随时间做连续变化，如一系列连续变化的电子波、电压信号等。模拟电子电路中最典型的模拟信号就是正弦交流电（电压或电流，统称为正弦量），正弦量的三要素是频率（或周期）、幅值（有效值）和初相位。

　　1. 频率与周期

　　正弦量变化一次所需的时间（s）称为周期 T。每秒内变化的次数称为频率，它的单位是赫（兹）（Hz）。频率是周期的倒数，即

$$f = \frac{1}{T}$$

　　正弦量变化的快慢还可以用角频率 ω 来表示。因为一周期内经历了 2π 弧度（rad），所以角频率为

$$\omega = \frac{2\pi}{T} = 2\pi f$$

它的单位是弧度每秒（rad/s）。

　　2. 幅值和有效值

　　正弦量在任一瞬间的值称为瞬时值，用小写字母来表示（如 u，i）。瞬时值中最大的值称为幅值或最大值，用带下标 m 的大写字母表示（如 U_m，I_m）。正弦量的大小往往不是用它们的幅值（最大值），而是常用有效值（均方根值）来计量的，有效值都用大写字母表示（如 U，I）。

　　有效值通常用来计量交流电的大小，它是从电流的热效应来定义的：不论是周期性变化的电流还是直流电流，只要它们在相等的时间内通过同一电阻的热效应相等，那么周期性变化电流 i 的有效值在数值上就等于这个直流电流 I，由此可得

$$\int_0^T Ri^2 \mathrm{d}t = RI^2 T$$

则周期性电流的有效值为

$$I = \sqrt{\frac{1}{T} \int_0^T i^2 \mathrm{d}t}$$

当周期性电流为正弦量时，即 $i = I_m \sin \omega t$，则

$$I = \sqrt{\frac{1}{T} \int_0^T I_m^2 \sin^2 \omega t \mathrm{d}t}$$

得出

$$I = \frac{I_m}{\sqrt{2}}$$

同理得出正弦交流电压和电动势的有效值和最大值的关系为

$$U = \frac{U_m}{\sqrt{2}}$$

$$E = \frac{E_m}{\sqrt{2}}$$

　　一般所讲的正弦电压或电流的大小，如交流电压 380V 或 220V，都是指它的有效值。一般交流电流表和电压表的刻度也是根据有效值来定的。

　　3. 初相位与相位差

　　设正弦量的表达式为 $i = I_m \sin(\omega t + \psi)$，从表达式可以看出正弦量随时间而变化，不同的时刻 t 具有不同的数值。其中，$(\omega t + \psi)$ 称为正弦量的相位或相位角，它代表了正弦量变化的进程。当 $t = 0$ 时的相位称为初相位或初相位角，用 ψ 表示，如果计时起点选在 $t = 0$ 时刻，由于初相位不同，则正弦量到达幅值或某一特定值所需的时间也就不同。

　　比较两个正弦量之间的相位关系可以用它们的相位差来说明，但这两个正弦量的频率一定要相同，只有相同频率的正弦量之间才可比较相位关系，如

$$\left.\begin{aligned} u &= U_{m}\sin(\omega t + \psi_{u}) \\ i &= I_{m}\sin(\omega t + \psi_{i}) \end{aligned}\right\}$$

它们的角频率都是 ω，相位差

$$\varphi = (\omega t + \psi_{u}) - (\omega t + \psi_{i}) = \psi_{u} - \psi_{i}$$

由上式可知，φ 为两个同频率正弦量的初相位之差。当 $\psi_{u} > \psi_{i}$ 时，即 $\varphi > 0$，u 比 i 先到达正的幅值，故在相位上 u 比 i 超前 φ 角，或者说 i 比 u 滞后 φ 角；当 $\varphi < 0$ 时，则在相位上 i 比 u 超前 φ 角，或者说 u 比 i 滞后 φ 角；当 $\varphi=0$ 时，则 u 与 i 同相位；当 $\varphi=180°$ 时，则 u 与 i 相位相反。

当两个同频率正弦量的计时起点（$t=0$）改变时，它们的相位和初相位跟随改变，但两者之间的相位差是保持不变的。

在模拟电子电路实验中，经常使用的电子仪器有示波器、函数信号发生器、直流稳压电源及交流毫伏表等。某些实验中要对各种电子仪器进行综合使用，可按照信号流向，以连线简捷、调节顺手、观察与读数方便等原则进行合理布局，各仪器与被测实验装置之间的布局与连接如图 3-1-1 所示。接线时应注意，为防止外界干扰，各仪器的公共接地端应连接在一起，称共地。信号源和交流毫伏表的引线通常用屏蔽线或专用电缆线，示波器接线使用专用电缆线，直流电源的接线用普通导线。

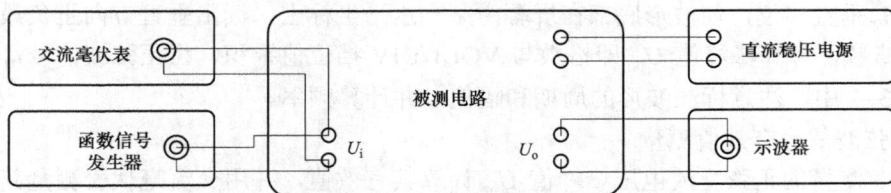

图 3-1-1 模拟电子电路中常用电子仪器布局图

1. 示波器

示波器是一种用于科学实验和工业生产的多功能综合测试仪器，在本书实验中采用的 VP-5220A 型示波器，既能够测量正弦交流电压的波形、峰峰值、周期和相位差，也能测量直流电压，在实验附录中已对其使用方法做了详细的说明。为了得到较高的测量精度，减少测量误差，在测量前应对如下项目进行检查和调整：

（1）光迹旋转：预置示波器面板上的控制键，使屏幕上获得一根水平扫描线；调节垂直位移使扫描线位于屏幕中心的水平刻度上；检查扫描线是否与中心水平刻度平行，若不平行，调整面板"ROTATION"电位器。

（2）探极补偿调整的目的在于补偿由于示波器输入特性的差异而产生的误差。开机获得水平扫描基线，将 AC-GND-DC 开关置于 DC 位置，设置 V/DIV 为 50mV/DIV 挡级；将 CH1 的 10:1 探极接入 CH$_1$ 输入插座，另一端与校准信号输入端 CAL 端连接；调节有关控制键和探极补偿元件，使波形补偿为较好的方波信号。CH$_2$ 同理。

（3）测量波形幅值时，应注意 Y 轴灵敏度"微调"旋钮置于"校准位置"（顺时针旋足）；测量波形周期时，应将扫描速率"微调"旋钮置于"校准"位置（顺时针旋足）。

2. 函数信号发生器

函数信号发生器为电路提供各种频率和幅值的输入信号，除了能够输出正弦波、方波、锯齿波、脉冲波和噪声波之外，还可以作为频率计使用，测量外输入信号的频率，是一种多用途测量仪器。在本书实验中采用的 DG1022 函数信号发生器的使用方法详见实验附录。

注意：函数信号发生器作为信号源，它的输出端不允许短路。

3. 交流毫伏表

交流毫伏表用于测量电路的输入、输出信号电压的有效值，具有交流电压测量、电平检测、监视输出等三大功能。

五、实验任务

1. 信号发生器输出正弦波信号

DG1022 函数信号发生器输出频率 f 为 100Hz，峰峰值 U_{pp} 为 42mV 的正弦波信号 u。利用示波器测量该正弦波信号，调节输出频率 f 和峰峰值 U_{pp}，观察波形变化情况。

2. 测量正弦波信号周期、频率和波形

调整信号发生器输出正弦波信号 u_1 频率为 1kHz，有效值为 30mV，将该信号输入至 CH_1 或 CH_2 通道，将垂直方式置于被选用的通道 CH_1/CH_2，调整好零基线位置后（垂直方向中心），将 AC-GND-DC 设为 AC，调整 CH_1 或 CH_2 电压衰减使正弦电压波形显示在 5 格左右观察波形，记录正弦波水平方向 1 周期的格数，计算周期即格数与扫描时间（0.5ms）的乘积；调整 CH_1 或 CH_2 垂直移位，使波形底部在屏幕中某一水平坐标上，读出垂直方向正负最大幅值两点之间的格数，计算峰峰值 U_{pp} 即格数与 VOLT/DIV 挡位值乘积，将正弦波信号 u_1 的波形记入考核表 3-1 中，注意标注波形的周期和幅值，并计算频率。

3. 正弦波信号有效值测量

根据 2 测量的正弦交流电压峰峰值 U_{pp} 计算其有效值，并用交流毫伏表测量其有效值，将测量值记入考核表 3-1 中，验证正弦交流电压的有效值与幅值之间的关系。

4. 同频率正弦波信号相位差 φ 的测量

按图 3-1-2 连接实验电路，将函数信号发生器的输出电压调至频率 1kHz，幅值为 2V 的正弦波，经 RC 移相网络获得频率相同但相位不同的两路电压信号 u_i 和 u_R，分别输入到双踪示波器的 CH_1 和 CH_2 通道。

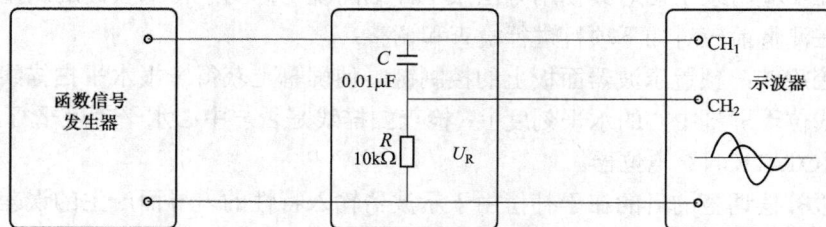

图 3-1-2　两正弦交流信号相位差测量电路

调整 VOLT/DIV 挡位，使两个信号波形完整地显示于显示屏上。调整扫描时间使波形的一个周期在屏幕上显示 9 格，这样水平刻度线上 1DIV=40°（360°/9），观察两个信号波形相对位置上的水平距离（格），按下列公式计算出两个信号的相位差 φ

相位差 φ =水平距离（格）×40°/格

将相位差 φ 记入考核表 3-1 中。

六、实验报告

（1）叙述模拟信号测量实验目的、实验原理和实验任务（实验报告）。

（2）整理考核表中的实验数据，撰写实验总结。

（3）将实验报告与考核表装订上交指导教师。

实验 3-2　分压式偏置放大电路的测量

一、实验目的

（1）掌握单管低频电压放大电路静态值的测量方法。

（2）掌握电压放大倍数的测定方法和计算方法，了解负载对电压放大倍数的影响。

（3）理解静态工作点对放大信号的影响，学会判断饱和与截止两种失真波形。

（4）练习使用万用表、毫伏表、示波器、函数信号发生器测量正弦交流信号。

二、实验预习

（1）预习分压式偏置放大电路的组成，静态分析和动态分析方法，了解产生非线性失真的原因。

（2）预习双踪示波器、函数信号发生器、万用表和毫伏表的使用方法（见附录）。

（3）阅读电工学实验指导书，了解实验目的、实验原理和实验任务。

（4）认真填写实验考核表 3-2 中的预习 1、2、3。

三、实验设备

序号	名　称	数　量
1	电工电子综合实验箱	1
2	双踪示波器	1
3	交流毫伏表	2
4	数字式万用表	1
5	函数信号发生器	1
6	导线	若干

四、实验原理

图 3-2-1 所示电路是分压式偏置放大电路。

1. 静态分析

图 3-2-2 是分压偏置放大电路的直流通路。通过选择 R_{B1}、R_{B2} 的阻值，使 $I_2 \gg I_B$，则 $I_1 \approx I_2$，可得

$$I_1 \approx I_2 \approx \frac{U_{CC}}{R_{B1} + R_{B2}}$$

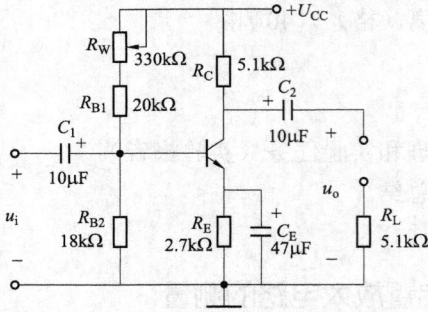

图 3-2-1 分压式偏置放大电路图   图 3-2-2 直流通路

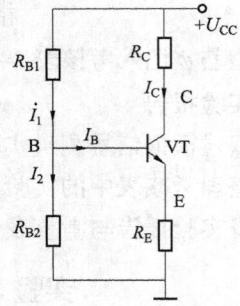

基极对地电压（即 B 点电位）为

$$V_B = I_2 R_{B2} \approx \frac{R_{B2}}{R_{B1} + R_{B2}} U_{CC}$$

$U_B \gg U_{BE}$ 时，发射极电流 I_E 为

$$I_E = \frac{V_B - U_{BE}}{R_E} \approx \frac{V_B}{R_E}$$

则由基极电流 $I_B = I_E / (1 + \beta)$ 和集电极电流 $I_C = \beta I_B$，可得到集–射极电压为

$$U_{CE} = U_{CC} - I_C R_C - I_E R_E$$

分压式偏置放大电路稳定静态工作点原理，即当集电极电流 I_C 受温度升高影响而增大时，I_E 也会变动，则发射极电位 V_E 就升高。由于 V_B 固定不变，U_{BE} 必然减小，从而 I_B 减小，I_C 也随之减小。总之分压式偏置放大电路是利用 R_E 将电压降变化反馈回输入电路，使输出电流的值保持不变。

为保证放大电路能正常工作，应设计位置合适的静态工作点，即使晶体管处于特性曲线上的放大区的中间位置，工作点设置过高，晶体管的工作则进入饱和区，会产生饱和失真；工作点设置过低，晶体管的工作进入截止区，将产生截止失真。分压式偏置放大电路输出波形如图 3-2-3 所示。

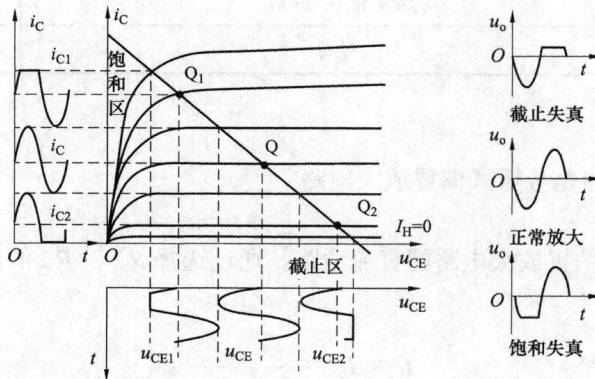

图 3-2-3 分压式偏置放大电路输出波形

2. 动态分析

分压式偏置放大电路的交流通路如图 3-2-4（a）所示，微变等效电路如图 3-2-4（b）所示，电压放大倍数为

$$A_u = \frac{\dot{U}_o}{\dot{U}_i} = \frac{-\beta \dot{I}_b(R_C // R_L)}{\dot{I}_b r_{be}} = \frac{-\beta R_L'}{r_{be}}$$

式中 $R_L' = R_C // R_L$

电压空载放大倍数为：$A_o = \dfrac{\dot{U}_o}{\dot{U}_i} = \dfrac{-\beta \dot{I}_b R_C}{\dot{I}_b r_{be}} = \dfrac{-\beta R_C}{r_{be}}$

由于 $R_C > R_L'$，所以空载电压放大倍数 A_o 大于有载电压放大倍数 A_u。

输入电阻：$r_i = \dfrac{U_i}{I_i} = \dfrac{I_i(R_{B1} // R_{B2} // r_{be})}{I_i} = R_{B1} // R_{B2} // r_{be} \approx r_{be}$

输出电阻：$r_o = \dfrac{U_{OC}}{I_{SC}} = \dfrac{-I_C R_C}{-I_C} = R_C$

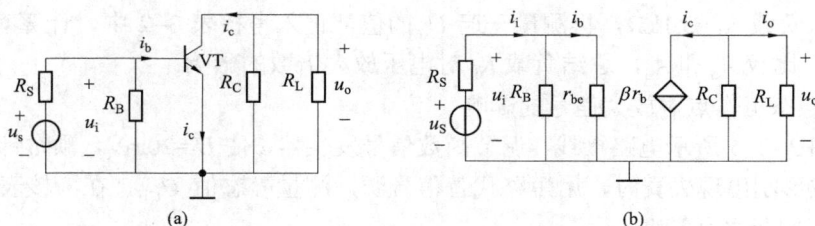

图 3-2-4　分压式偏置放大电路的动态分析

五、实验任务

1. 分压式偏置放大电路静态工作点的测量与调节。

（1）实验箱电源线插在 220V 电源插座上，按图 3-2-1 连接电路，电路输入端短接，U_{CC} 接 +12V 直流电压源。

（2）检查电路，确认正确无误后打开电源开关，用数字式万用表的直流电压挡测量 R_C 两端电压，调节电位器 R_W（顺时针增加，逆时针减小）直至 $U_{RC}=5.1V$，使集电极电流 $I_C=U_{RC}/R_C=1mA$。

（3）用数字式万用表的直流电压挡测量 U_{RC}、U_{CE}、V_C、U_{BE} 和 V_B，左右旋转 R_W，分别观察各参数的变化趋势（增加↑，减小↓），记入考核表 3-2 中，关闭电源。

2. 观察分压式偏置放大电路对电压信号放大现象

按图 3-2-5 所示电路接线，先连接函数信号发生器，测量信号时再接入示波器和毫伏表。要求所有仪器设备接地端与实验电路板的"共地"端连接。打开电源开关，调节电位器 R_W 直至 $U_{RC}=5.1V$，将第 1 块毫伏表接入放大电路的输入端，调节函数信号发生器，使 $U_i=10mV$，$f=1kHz$，空载（$R_L=\infty$）时，用双踪示波器观察输入电压 u_i 和输出电压 u_o 的波形并记录于考核表 3-2 中，比较二者的幅值和相位。

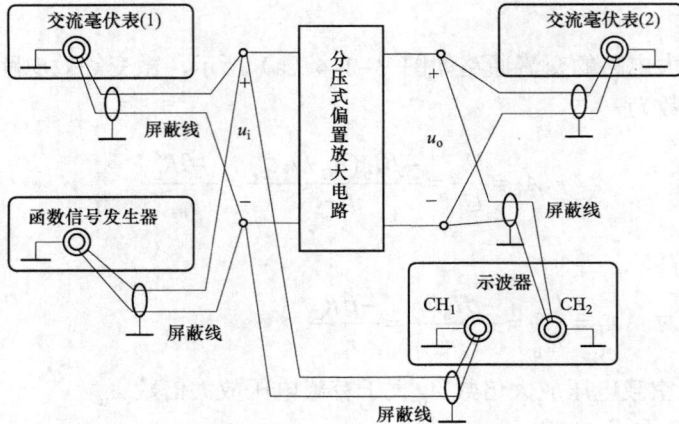

图 3–2–5　仪器设备与放大电路连接电路图

3. 分压式偏置放大电路电压放大倍数 A_u 的测量

（1）将第 2 块毫伏表接入放大电路的输出端，测量输出电压 U_o 并记入考核表 3–2 中，计算电压放大倍数 A_o。

（2）接入负载 R_L=5.1kΩ，再测量一遍 U_o 的值，记入考核表 3–2 中，计算有载时的电压放大倍数 A_u。比较 A_o 和 A_u，总结负载 R_L 对电压放大倍数的影响。

4. 观察静态工作点对放大信号的影响

（1）按图 3–2–5 所示电路接线，调节函数信号发生器，使 U_i=20mV，顺时针调节 R_w（增加），当 u_o 波形刚出现失真时，用短路代替信号源，测量静态值 U_{CE}，在考核表 3–2 中记录失真波形图，判断失真类型。

（2）保持 U_i=20mV 不变，逆时针调节 R_w（减小），当 u_o 波形刚出现失真时，用短路代替信号源，测量静态值 U_{CE}，在考核表 3–2 中记录失真波形图和静态值，判断失真类型。

六、实验报告

1. 叙述分压式偏置放大电路测量的实验目的、实验原理、实验任务（实验报告）。

2. 撰写实验总结 1、2、3。

3. 将实验报告与考核表装订起来上交指导教师。

实验 3–3　整流、滤波与稳压电路

一、实验目的

1. 了解单相桥式整流电路、滤波电路和稳压电路的组成和工作原理。

2. 练习搭建单相桥式整流电路、滤波电路和稳压管稳压电路，测量各部分电路的输出电压大小和波形。

3. 练习搭建单相桥式整流电路、滤波电路和集成稳压器稳压电路，测量各部分电路的输出电压大小和波形。

二、实验预习

1. 预习单相桥式整流电路、滤波电路和稳压电路的组成和工作原理。

2. 复习数字式万用表和双踪示波器的使用方法。

3. 阅读实验指导书，了解实验目的、实验原理和实验任务。
4. 认真填写实验考核表 3–3 中的预习 1、2、3、4。

三、实验设备

序号	名　称	数　量
1	电工电子综合实验箱	1
2	双踪示波器	1
3	交流毫伏表	1
4	数字式万用表	1
5	导线	若干

四、实验原理

1. 单相桥式整流电路

利用半导体二极管将交流电转变为直流电的过程称为整流。单相桥式整流电路如图 3–3–1（a）所示，四个二极管按一定顺序连接成桥式电路，它是最常见的整流电路。输出电压 u_o 和输出电流 i_o 的波形如图 3–3–1（b）所示，整流电路输出电压的平均值为

$$U_o = 0.9U$$

一个周期内，每个二极管只导通半个周期，整流电路输出的平均电流为

$$I_D = \frac{1}{2}I_o$$

二极管承受的最高反向电压为

$$U_{RM} = \sqrt{2}U$$

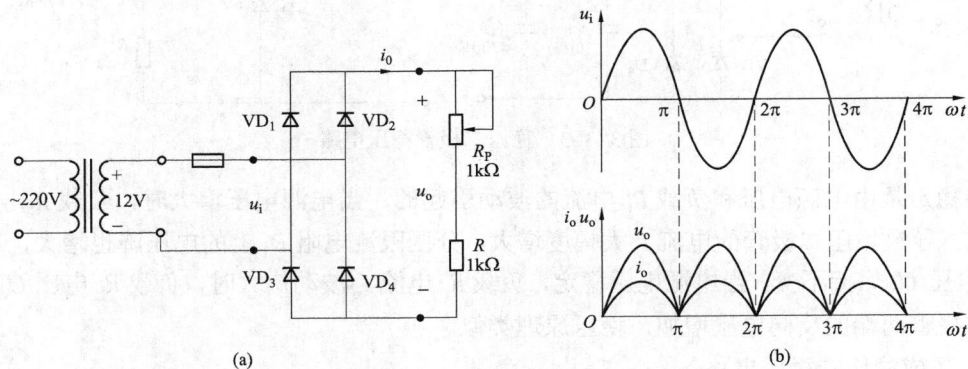

图 3–3–1　单相桥式整流

2. 电容滤波电路

经过整流输出的是直流脉动电压，通过电容滤波，才能得到较平稳的电压信号，将如图 3–3–2（a）所示单相桥式整流电路的输出端并联电容 C_1 或 C_2，连接负载 R_L（R_P+R）就构成电容滤波电路。

电容电压 u_C 按指数规律放电时间常数为

$$\tau = R_L C$$

时间常数 τ 一般设定为

$$\tau \geqslant (3 \sim 5) \frac{T}{2}$$

式中 T 为电源 u 的周期，电容滤波电路输出电压波形如图 3-3-2（b）所示，电容滤波电路输出电压的平均值为 $U_o = 1.2U$。

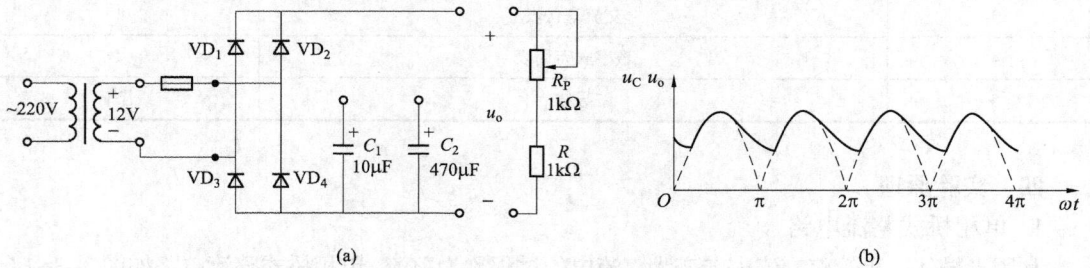

(a)　　　　　　　　　　　　　　　　　(b)

图 3-3-2　电容滤波

3. 稳压管稳压电路

滤波电路右边为稳压管稳压电路如图 3-3-3 所示，电阻 R_1 具有分压和限流的作用，由于负载 R_L 并联在稳压二极管 VD_Z 两端，所以负载 R_L 上的电压与稳压二极管稳定电压相等。

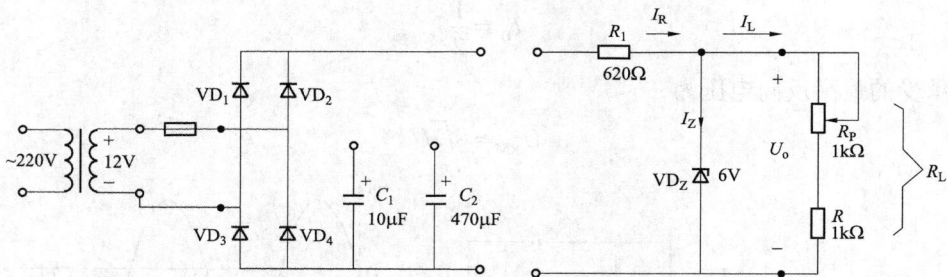

图 3-3-3　稳压二极管稳压电路

电压不稳定是由电源电压和负载 R_L 电流的波动引起的，当电源电压增大时，负载 R_L 电压 U_o 将增大，导致稳压二极管的电流 I_z 大幅度增大，分压限流电阻 R_1 上的电压降也增大，从而负载 R_L 电压 U_o 保持不变。当电源电压稳定，负载 R_L 电流 I_o 波动增大时，负载 R_L 电压 U_o 增加，稳压二极管两端的反向电压增加，稳压原理类似。

4. 集成稳压器稳压电路

由于集成稳压器具有体积小，外接线路简单、使用方便、工作可靠和通用性等优点，因此在各种电子设备中应用十分普遍，基本上取代了由分立元件构成的稳压电路。常用的三端集成稳压器有正输出和负输出两大系列，W78××系列是正输出，输出引脚排列如图 3-3-4 所示。接线图 3-3-5 所示，CW78××系列输出电压有 5V、8V、12V、15V、18V、24V 等，后两位数字×× 表示输出电压的值，如 CW7805 的输出电压为 5V。W79××系列是负输出，其他与 78×× 系列相同。

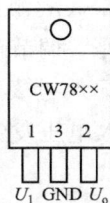

图 3-3-4　W7800 系列引脚图

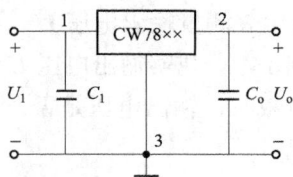

图 3-3-5　W7800 系列接线图

滤波电路右边为 W7809 组成的集成稳压器稳压电路如图 3-3-6 所示，滤波电容 C_1，C_2 用于抵消输入端较长接线的电感效应，防止产生自激震荡，接线不长时也可不用。

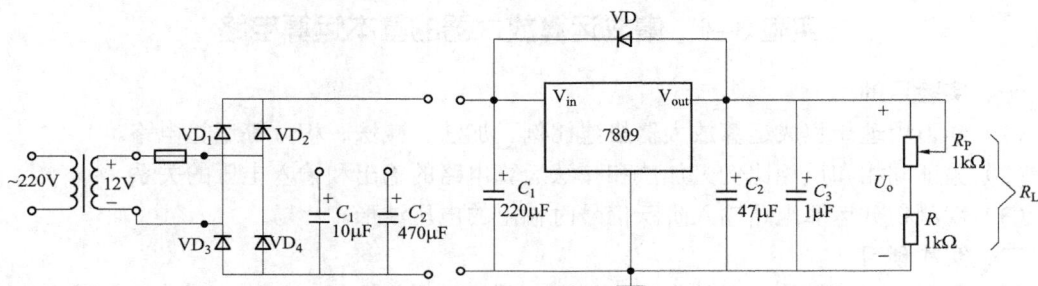

图 3-3-6　集成稳压器稳压电路

五、实验任务

1. 单相桥式整流电路测试

按图 3-3-1 所示电路接线 R_p 逆时针旋转到底使 R_L=1kΩ，接通电源，使变压器二次侧输出电压为 12 V，用双踪示波器观察变压器二次侧输出电压 u_{ab} 的波形，再用数字式万用表测量桥式整流电路的输出电压 U_o，用双踪示波器观察输出电压 u_o 的波形，切断电源，将结果记入考核表 3-3 中。

2. 电容滤波电路

图 3-3-2 所示电路电容 C_1 或 C_2 并联于整流电路输出端，R_p 逆时针旋转到底使 R_L=1kΩ，接通电源，用数字式万用表测量电容滤波电路的输出电压 U_o，用双踪示波器观察输出电压 u_o 的波形，切断电源，将结果记入考核表 3-3 中，比较 C_1 和 C_2 构成滤波电路输出电压 u_o 的波形。

3. 稳压管稳压电路

将图 3-3-3 电路中稳压管稳压电路接入滤波电路输出端（R_L=1/2kΩ），接通电源，当稳压管稳压电路负载分别为 1kΩ（R_p 逆时针旋转到底）和 2kΩ（R_p 顺时针旋转到底）时，用数字式万用表测量输出电压 U_o，并用双踪示波器观察 u_o 的波形，调节自耦变压器使二次侧电压增大到 14V，观察输出电压 U_o 的变化，切断电源，将结果记入考核表 3-3 中。分析当电路接不同负载时，输出电压是否发生变化，以及当稳压管稳压电路输入电压发生变化时，输出电压的变化情况。

4. 集成稳压器稳压电路

将图 3-3-6 电路中集成稳压器稳压电路接入滤波电路输出端（R_L=1/2kΩ），接通电源，当集成稳压器稳压电路负载分别为 1kΩ（R_p 逆时针旋转到底）和 2kΩ（R_p 顺时针旋转到底）时，用数字式万用表测量输出电压 U_o，并用双踪示波器观察 u_o 的波形，调节自耦变压器使二次侧电压增大到 14V，观察输出电压 U_o 的变化，切断电源，将结果记入考核表 3–3 中。分析当电路接不同负载时，输出电压是否发生变化，以及当稳压电路输入电压发生变化时，输出电压的变化情况。

六、实验报告

（1）叙述整流、滤波、稳压电路实验目的、实验原理、实验任务（实验报告）。

（2）整理考核表中的实验数据，写实验总结。

（3）将实验报告与考核表装订起来上交指导教师。

实验 3–4 集成运算放大器的基本运算电路

一、实验目的

（1）学习用理想集成运算放大器搭建比例、加法、减法、积分等运算电路。

（2）验证同相和反相比例、加法和减法运算电路的输出和输入电压的关系。

（3）观测积分运算电路输入阶跃信号时输出的电压波形。

二、实验预习

（1）预习集成运算放大器基本工作原理，同相和反相比例、加法、减法运算和积分运算电路的组成和输入、输出之间的运算关系。

（2）复习附录数字万用表和双踪示波器的使用说明。

（3）阅读实验指导书，了解实验目的、实验原理和实验任务。

（4）认真填写实验考核表 3–4 中的预习思考。

三、实验设备

序号	名　称	数　量
1	电工电子综合实验箱	1
2	双踪示波器	1
3	UA741	1
4	电阻元件 2kΩ、3kΩ、10kΩ和100kΩ	2、1、3、1
5	电容元件 5μF	1
6	数字式万用表	1
7	导线	若干

四、实验原理

集成运算放大器是具有开环电压放大倍数高、输入电阻高（几兆欧以上）、输出电阻低（约几百欧）、漂移小和可靠性高等特点的多级直接耦合放大电路，电路符号如图 3–4–1 所示。它有两个输入端和一个输出端。"–"号为反相输入端，"+"号为同相输入端和输出端，各端对"地"电压（即各端的电位）分别用 u_-，u_+，u_o 表示。"▷"表示信号传递方向，"A_{uo}"表示开环电压放大倍数。

表示输出电压与输入电压之间关系的特性曲线为集成运算放大器的传输特性如图 3-4-2 所示，运算放大器的传输特性可分为线性区和饱和区。运算放大器可工作在线性区，也可工作在饱和区。当工作在线性区时，$u_o = A_{uo}(u_+ - u_-)$，由于理想运算放大器开环电压放大倍 $A_{uo} \to \infty$，因此有 $u_+ = u_-$，即所谓"虚短"。由于运算放大器的差模输入电阻 $r_{id} \to \infty$，故可认为两个输入端的输入电流为零，$i_+ = i_-$ 即所谓"虚断"。"虚短"和"虚断"是运算放大器在线性区的两条分析依据。如果反相端有输入时，同相端接"地"，即 $u_+ = 0$，$u_- \approx 0$。反相输入端是不接"地"的"地"电位端，通常称为"虚地"，运算放大器能够完成对电信号的比例、加法、减法和积分的运算。

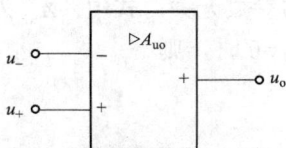

图 3-4-1　集成运算放大器的电路符号图　　图 3-4-2　集成运算放大器的传输特性曲线

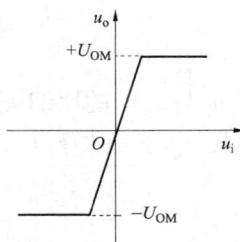

1. 比例运算电路

（1）反相输入。输入信号从反相输入端引入的运算便是反相输入比例运算。图 3-4-3 所示是反相比例运算电路。输入信号 u_i，经输入端电阻 R_1 送到反相输入端，同相输入端则是通过电阻 R_2 接"地"。反馈电阻 R_F 跨接在输出端和反相输入端之间。

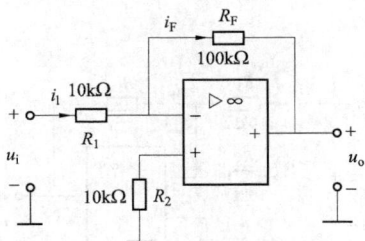

图 3-4-3　反相比例运算电路　　　　图 3-4-4　同相比例运算电路

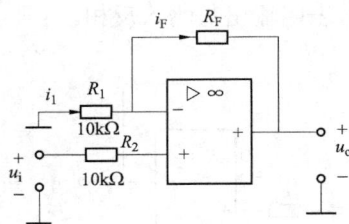

根据运算放大器工作在线性区时的两条分析依据可知

$$i_I \approx i_F, \ u_+ = u_-$$

输出与输入电压之间的比例关系为

$$u_o = -\frac{R_F}{R_1} u_i$$

式中负号表明输出与输入相位相反。

闭环电压放大倍数则为

$$A_{uf} = \frac{u_o}{u_i} = -\frac{R_F}{R_1}$$

输入电压 u_i 与输出电压 u_o 间的关系只决定于 R_1 与 R_F 的比值而与运算放大器本身的参数无关，从而保证了比例运算的精度和稳定性。式中的负号表示 u_i 与 u_o 反相，图中的 R_2 为平衡电阻，$R_2 = R_1 /\!/ R_F$，其作用是消除静态电流对输出电压的影响。

（2）同相输入。输入信号从同相输入端引入的运算便是同相比例运算，如图 3-4-4 所示，根据理想运算放大器工作在线性区时的分析依据其输出与输入电压之间的关系为

$$u_o = \left(1 + \frac{R_F}{R_1}\right)u_i$$

闭环电压放大倍数

$$A_{uf} = \frac{u_o}{u_1} = 1 + \frac{R_F}{R_1}$$

上式表明 u_i 与 u_o 间的比例关系与运算放大器本身的参数无关，式中，A_{uf} 为正值表明 u_i 与 u_o 同相，并且 A_{uf} 总是大于 1，当 $R_1 = \infty$（断开）或 $R_F = 0$ 时，则

$$A_{uf} = \frac{u_o}{u_I} = 1$$

这就是电压跟随器如图 3-4-5 所示。

2. 加法运算电路

输入信号 u_{i1}、u_{i2} 从反相输入端引入的运算便是反相加法运算，如图 3-4-6 所示，输出与输入电压之间的关系为

$$u_o = -\left(\frac{R_F}{R_1}u_{i1} + \frac{R_F}{R_2}u_{i2}\right)$$

式中负号表明输出与输入反相。

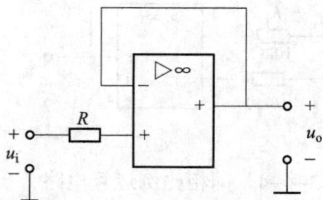

图 3-4-5　电压跟随器图

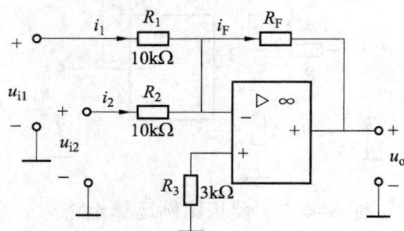

图 3-4-6　反相加法运算电路

当 $R_1 = R_2$ 时：
$$u_o = -\frac{R_F}{R_1}(u_{i1} + u_{i2})$$

当 $R_1 = R_2 = R_F$ 时：
$$u_o = -(u_{i1} + u_{i2})$$

加法运算电路也与运算放大器本身的参数无关，只要电阻阻值足够精确，就可保证加法运算的精度和稳定性，平衡电阻 $R_3 = R_1 /\!/ R_2 /\!/ R_F$。

3. 减法运算电路

如果两个输入端都有信号输入，则为差分输入。差分运算在测量和控制系统中应用很多，其运算电路如图 3-4-7 所示，输入信号 u_{i1}、u_{i2} 分别从同相和反相输入端引入，根据理想运算

放大器工作在线性区时的分析依据其输出与输入电压之间的关系为

$$u_o = \left(1 + \frac{R_F}{R_1}\right)\frac{R_3}{R_2 + R_3}u_{12} - \frac{R_F}{R_1}u_{i1}$$

当 $R_1=R_2$，$R_F=R_3$ 时：
$$u_o = \frac{R_F}{R_1}(u_{i2} - u_{i1})$$

当 $R_1=R_2=R_F=R_3$ 时：
$$u_o = (u_{i2} - u_{i1})$$

由上两式可见，输出电压 u_o 与两个输入电压的差值成正比，即为同相比例运算和反相比例运算输出电压之和。由于电路存在共模电压，为了保证运算精度，应当选用共模抑制比较高的运算放大器或选用阻值合适的电阻。

4. 积分运算电路

与反相比例运算电路比较，用电容 C_F 代替 R，作为反馈元件，即为积分运算电路，如图 3-4-8 所示。

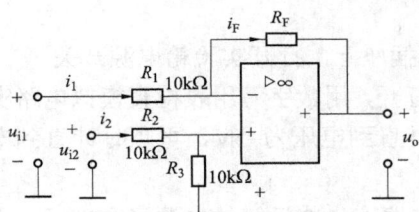

图 3-4-7　减法运算电路　　　　　　　　图 3-4-8　积分运算电路

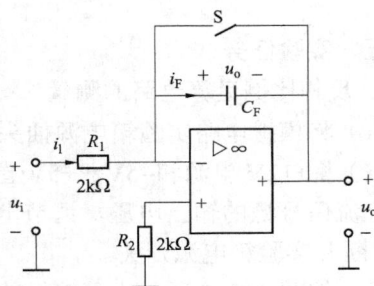

当开关 K 断开时，若电容两端初始电压为零，在理想条件下有

$$u_o = -\frac{1}{R_1 C_F}\int u_i \mathrm{d}t$$

上式表明 u_o 与 u_i 的积分成正比，式中的负号表示 u_i 与 u_o 相反，$R_1 C_F$ 称为积分时间常数。

对于电容元件输出电压随着电容元件的充电放电按指数规律变化，其线性度较差。采用运算放大器组成的积分电路，由于充电电流基本上是恒定的，输出电压 u_o 是时间 t 的一次函数，提高了电路的线性度。当 u_i 是幅值为 U 的阶跃电压时，此时输出电压 $u_o(t)$ 随时间线性下降，最后达到负饱和电压 $-U_{OM}$，关系式为

$$u_o(t) = -\frac{U}{R_1 C_F}t \quad (t>0)$$

达到 $-U_{(sat)}$ 所需时间 T 与时间常数 $R_1 C_F$ 有关，$R_1 C_F$ 值越大，达到负饱和值时间越长，其波形如图 3-4-9 所示。

本实验采用通用型 LM324 集成运放，内部由四个独立的高增益、内补偿集成运放组成。可单电源使用，也可双电源使用，电源电压范围宽，双电源为 ±1.5V～±15V，单电源为 +3V～+30V；单电源工作时输入、输出电压均可接近低电平，与 TTL 逻辑电路相容；静态功耗很

低，5V 单电源工作时，仅为 3.5mW；适用于干电池供电。LM324 集成运放引脚排列如图 3–4–10 所示。

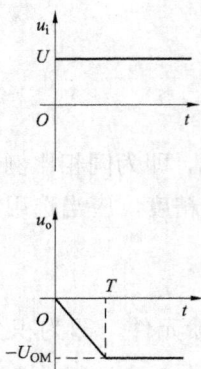

图 3–4–9　积分运算电路的阶跃响应图　　　　　　图 3–4–10　LM324 集成运放引脚排列图

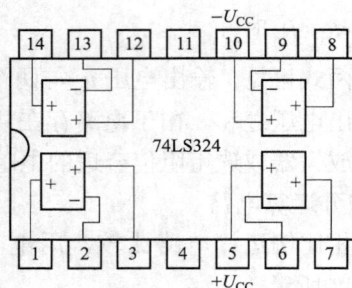

五、实验任务

1. 反相比例运算电路的测量

（1）将模拟电路实验箱电源插头插在 220V 电源插座上，打开实验箱电源开关。

（2）将 ±12V 电源和 –5V～+5V 直流信号源开关打开，用数字万用表检查模拟电路实验箱上的直流信号源的输出电压，调节电位器，先逆时针直到电压为 –5V，再顺时针直到电压为 +5V，断开实验箱电源开关。

（3）按图 3–4–3 所示电路接线的反相比例运算电路。集成运放的电源已经接好，不用再连接电源，接通电源，根据考核表 3–4 中反相比例运算电路的要求调节输入电压，用万用表测量每一个输入电压 U_i 所对应的输出电压 U_o 的值，将结果记录于考核表中，与计算值进行比较分析误差产生的原因。

2. 同相比例运算电路

断开电源，按图 3–4–4 所示电路接线后，接通电源，根据考核表 3–4 中同相比例运算电路的要求调节输入电压，用万用表测量每一个输入电压 U_i 所对应的输出电压 U_o 的值，将结果记入考核表，与计算值进行比较分析误差产生的原因。

3. 反相输入加法运算电路

断开电源，按图 3–4–6 接线后，接通电源，采用两路 –5V～+5V 直流信号源向运算放大器反相输入端提供两个输入电压信号 U_{i1} 和 U_{i2}，根据考核表 3–4 中反相输入加法运算电路的要求调节输入电压值，用万用表测量每组输入电压 U_{i1}、U_{i2} 所对应的输出电压 U_o，将结果记入考核表，与计算值进行比较并分析误差产生的原因。

4. 减法运算电路

断开电源，按图 3–4–7 接线后，接通电源，采用两路 –5V～+5V 直流信号源向运算放大器反相输入端和同相输入端提供两个输入电压信号 U_{i1} 和 U_{i2}，根据考核表 3–4 中减法运算电路的要求调节输入电压值，用万用表测量每组输入电压 U_{i1}、U_{i2} 所对应的输出电压 U_o，将结果记入考核表，与计算值进行比较并分析误差产生的原因。

5. 积分运算电路

（1）断开电源，按图 3-4-8 连接积分运算电路。

（2）先将开关 K 闭合使电容放电，调节-5V～+5V 直流信号源使输入电压 $U_i = 0.2$V，将示波器的扫描时间：设为 0.2s/DIV（最大值）Y 轴衰减设为 0.5V/DIV，探头开关拨在×10，调整光标位置于 0 基线上 3 格处，当示波器显示屏上光标移动到荧光屏左侧时刻，在信号输入端将 u_i=0.2V 突然加入实现输入信号的阶跃，用示波器观察 u_o 随时间 t 变化的轨迹，记录并计算反向饱和电压-U_{OM} 的数值和达到-U_{OM} 所需时间 T，画出输出 u_o 随时间 t 的变化曲线。

六、实验报告要求

（1）叙述集成运放基本运算电路实验目的、实验原理和实验任务（实验报告）。

（2）整理实验数据，完成实验总结。

（3）装订实验报告与考核表并上交指导教师。

实验 3-5 电 压 比 较 器

一、实验目的

（1）了解电压比较器的电压传输特性，练习电压比较器输出电压的测量。

（2）掌握滞回比较器的构成及特点，练习搭建实验电路并测量输出电压的波形。

（3）掌握反相滞回比较器的构成及特点，练习搭建实验电路并测量输出电压的波形。

二、实验预习

（1）预习电压比较器的工作原理。

（2）复习信号发生器、数字万用表和双踪示波器的使用方法。

（3）阅读实验指导书，了解实验目的、实验原理和实验任务。

（4）认真填写实验考核表 3-5 中的预习思考。

三、实验设备

序号	名　　称	数　　量
1	模拟电路实验箱	1
2	信号发生器	1
3	数字式万用表	1
4	双踪示波器	1
5	导线	若干

四、实验原理

电压比较器（简称比较器）是用来比较输入电压和参考电压相对大小的电路。常见的比较器电路有过零比较器、单限比较器、滞回比较器和三态比较器等。与运算放大电路不同的是，比较器属于集成运放的非线性应用，工作于电压传输特性的饱和区，通过集成运放不加反馈或加正反馈来实现。

1. 过零比较器

如果集成运放一端接输入电压 u_i，另一端接参考电压为零，就组成了过零比较器，电路如图 3-5-1（a）所示。图 3-5-1（b）所示是该过零比较器的电压传输特性。当 $u_i > 0$ 时，$u_o = -U_{OM}$；当 $u_i < 0$ 时，$u_o = +U_{OM}$。当 u_i 为正弦波电压时，则 u_o 为矩形波电压，如图 3-5-2 所示。过零比较器可以实现波形变换，在交流调压、电气控制系统中经常使用。

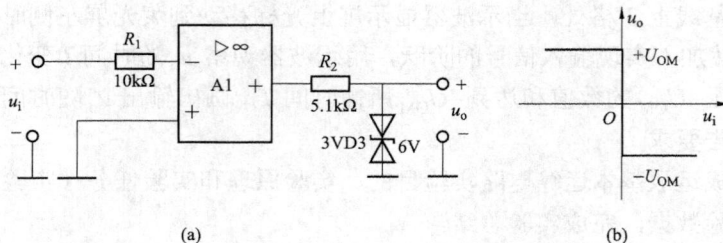

图 3-5-1 过零比较器

（a）电路图；（b）电压传输特性

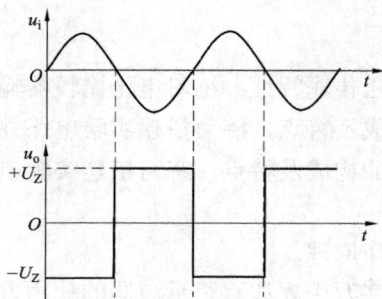

图 3-5-2 正弦波输入输出波形

2. 滞回比较器

为了克服过零比较器中输出电压可能误翻转，实际应用中常采用抗干扰能力强的滞回电压比较器。图 3-5-3（a）是反相滞回比较器的电路。如果稳压二极管的稳定电压为 U_Z，当 $u_o = +U_Z$ 时

$$u_+ = \frac{R_2}{R_2 + R_F} U_Z = U_H$$

式中 U_H 称为上限电压。当 $u_o = -U_Z$ 时

$$u_+ = -\frac{R_2}{R_2 + R_F} U_Z = U_L$$

式中 U_L 称为下限电压。当 u_i 随时间逐渐增大的过程中，参考电压为 U_H，u_i 只有增大到 U_H 时，输出电压 u_o 才能从 $+U_{OM}$ 跃变到 $-U_{OM}$。当 u_I 随时间逐渐减小的过程中，参考电压为 U_L，u_i 只有减小到 U_L 时，输出电压 u_o 才能从 $-U_{OM}$ 跃变到 $+U_{OM}$。据此，可得到反相滞回比较器的电压传输特性如图 3-5-3（b）所示。U_H 与之 U_L 差称为滞回宽度 ΔU。滞回宽度的存在扩大了输入电压的波动范围，从而提高了比较器的抗干扰能力，因而滞回比较器的抗干扰能力很强。

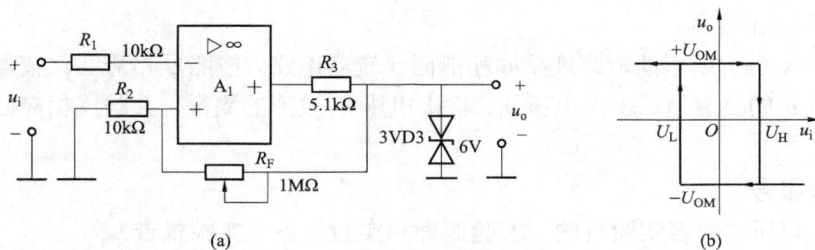

图 3-5-3 反相滞回比较器
（a）电路图；（b）电压传输特性

在反相滞回比较器中，将输入电压与参考电压换位后，就组成同相滞回比较器，如图 3-5-4（a）所示。电压传输特性如图 3-5-4（b）所示。其上限电压为

$$u_+ = \frac{R_2}{R_F}U_Z = U_H$$

其下限电压为

$$u_+ = -\frac{R_2}{R_F}U_Z = U_L$$

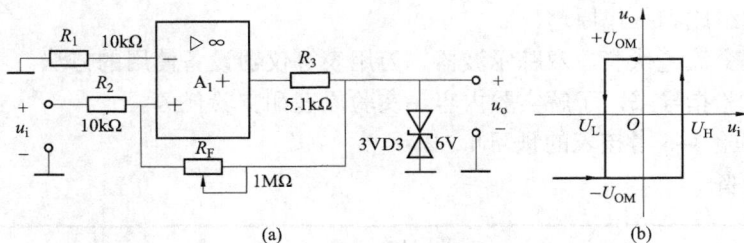

图 3-5-4 同相滞回比较器
（a）电路图；（b）电压传输特性

五、实验任务

1. 过零比较器

在模拟电路实验箱上找到集成运放 A_1，将±12V 电源连接到集成运放 A_1 对应的电源管脚。按图 3-5-1（a）所示电路接线。接通实验箱电源，把信号发生器产生的频率为 500Hz、有效值为 1V 的正弦波信号加入到输入电压 u_i，用双踪示波器观察并记录输入电压 u_i、输出电压 u_o 波形，用万用表测量输入电压 u_i、输出电压 u_o 的值并记入考核表 3-5 中。

2. 反相滞回比较器

按照图 3-5-3（a）所示的电路连接反相滞回比较器电路。将 R_F 调为 100kΩ，输入电压 u_i 接可调直流电压源，调节直流电压源，通过示波器观察输出电压 u_o 的波形，用万用表分别测量输出电压 u_o 由+U_{OM}～-U_{OM} 和由-U_{OM}～+U_{OM} 时的输入电压 u_i 的临界值（上限电压 U_H、下限电压 U_L）。把信号发生器产生的频率为 500Hz、有效值为 1V 的正弦波信号加入到输入电压 u_i；用双踪示波器观察并记录输入电压 u_i、输出电压 u_o 波形，将电路中 R_F 调为 200kΩ，重复上述实验，比较输入电压 u_i 的临界值、输出电压 u_o 波形是否发生变化。

3. 同相滞回比较器

按图 3-5-4（a）所示的电路连接同相滞回比较器电路。按照反相滞回比较器的实验步骤进行输入电压 u_i 的临界值、输入电压 u_i、输出电压 u_o 波形的测量，并与反相滞回比较器的结果进行比较。

六、实验报告

（1）叙述电压比较器实验目的、实验原理和实验任务（实验报告）。

（2）整理实验数据，完成实验总结。

（3）装订实验报告与考核表并上交指导教师。

实验 3-6　晶闸管可控整流调压电路

一、实验目的

（1）了解晶闸管的特性，掌握晶闸管构成的单相可控整流电路的组成和工作原理。

（2）了解单结晶体管的特性，掌握单结晶体管构成的晶闸管触发电路的组成和工作原理。

（3）学习搭建可控整流电路，掌握用双踪示波器观测可控整流电路电压的波形。

二、实验预习

（1）预习单结晶体管和晶闸管的结构及特性，单相可控整流电路和单结晶体管构成的晶闸管触发电路的组成和工作原理。

（2）复习解交流毫伏表、双踪示波器、万用表等仪器设备使用的方法。

（3）阅读实验指导书，了解实验内容、实验原理和实验任务。

（4）填写实验 3-6 考核表的预习 1、2。

三、实验设备

序号	名　　称	数　　量
1	模拟电路实验箱	1
2	双踪示波器	1
3	数字式万用表	1
4	交流毫伏表	1
5	导线	若干

四、实验原理

1. 晶闸管的基本结构和工作原理

晶闸管是晶体闸流管的简称旧称可控硅，它的导通与截止是可以控制的，主要用于可控整流、逆变和调压等方面。晶闸管由四层半导体构成，如图 3-6-1（a）所示，在四层半导体间形成三个 PN 结。引出的三个电极分别为阳极 A、阴极 K 和控制极 G，晶闸管的图形符号如图 3-6-1（b）所示，晶闸管的外形结构如图 3-6-1（c）所示，晶闸管的伏安特性曲线如图 3-6-1（d）所示。

晶闸管工作于导通和截止两种状态。由截止变为导通的条件为：

（1）在阳极 A 和阴极 K 间加正向电压。

（2）在控制极 G 和阴极 K 间加正向电压。

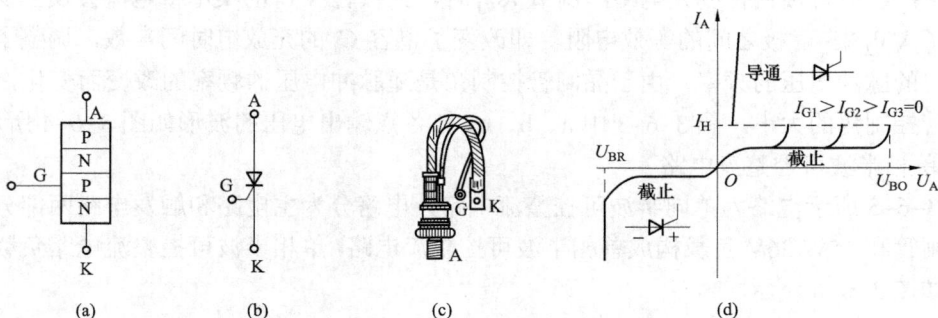

图 3-6-1 晶闸管

晶闸管导通以后，控制极就失去作用了，当阳极电流小于晶闸管维持电流 $I_A < I_H$ 或阳极与阴极电压 $U_{AK} \leqslant 0$ 时，晶闸管将由导通变为截止。

2. 单结晶体管触发电路

图 3-6-2（a）所示为单结晶体管的结构图，两个 PN 结的正向电阻分别为 R_{EB1} 和 R_{EB2}，又称为双基极二极管，它有一个发射极和两个基极。单结晶体管的符号如图 3-6-2（b）所示，它的引脚排列如图 3-6-2（c）所示。单结晶体管的伏安特性曲线如图 3-6-2（d）所示。

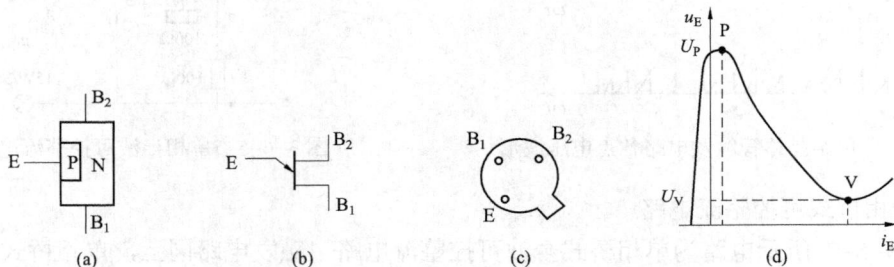

图 3-6-2 单结晶体管

当 U_E 小于峰点电压 U_P 时，单结晶体管为截止状态；当 $U_E = U_P$ 时，单结晶体管导通，发射极电流 i_E 迅速增大，电压 U_E 值迅速下降（负阻特性）；当 U_E 下降到谷点电压 U_V 以下时，单结晶体管就由导通状态恢复为截止状态。单结晶体管触发电路如图 3-6-3 所示，三极管

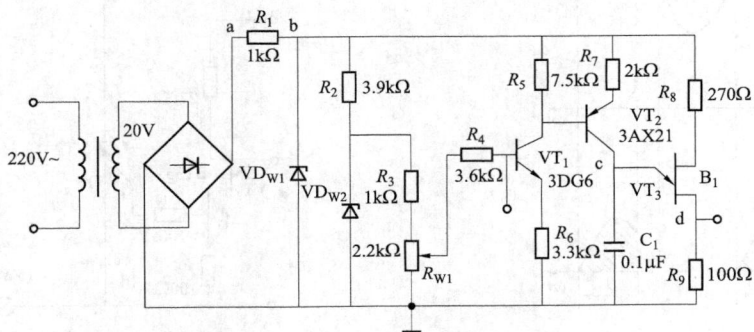

图 3-6-3 单结晶体管触发电路

VT$_1$ 与 VT$_2$ 组成直接耦合放大电路，调节 R_{W1} 时，三极管 VT$_2$ 的集电极电流会发生变化，从而改变了 VT$_2$ 集–射极之间的等效电阻，即改变了电容 C_1 的充放电时间常数，调整了单结晶体管输出的脉冲电压的频率，由于晶闸管控制角是随脉冲电压的频率的改变而变化，从而调节晶闸管控制角的大小，图 3–6–3 中 a、b、c、d 各点输出电压的波形如图 3–6–4 所示。

　　3．单相半波可控整流电路

　　图 3–6–5 所示电路为单向半波可控整流电路，电路分为主电路和触发电路两部分。主电路由晶闸管和 15W/36V 负载构成单相半波可控整流电路，单相半波可控整流电路负载输出电压波形如图 3–6–6 所示。

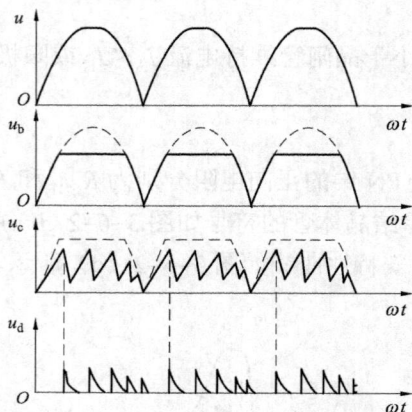

图 3–6–4　单结晶体管触发电路各点电压波形

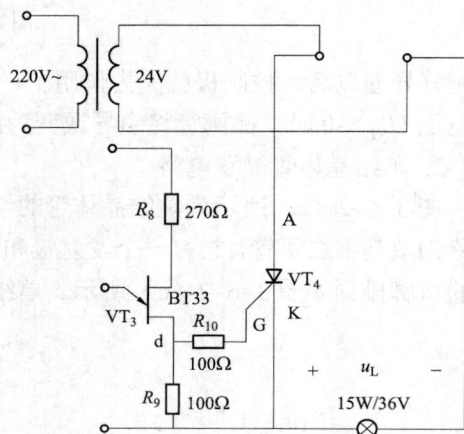

图 3–6–5　单相半波可控整流电路

　　4．单相桥式可控整流电路

　　图 13–6–7 所示电路为单相桥式全波可控整流电路，触发电路同上，单相桥式全波可控整流电路负载输出电压波形如图 3–6–8 所示。

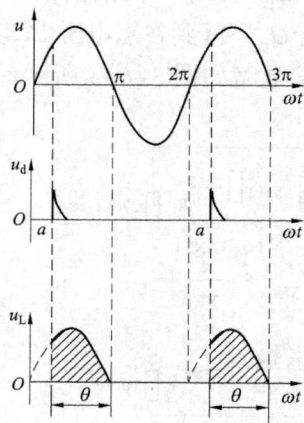

图 3–6–6　单相半波可控整流输出电压波形

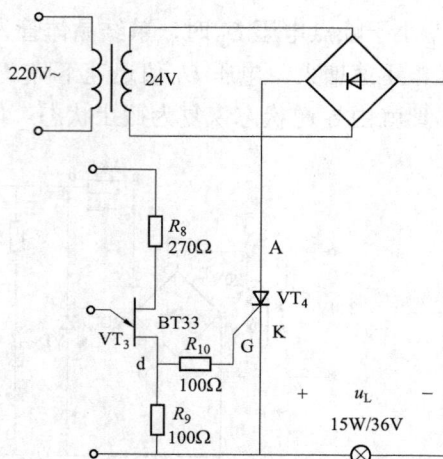

图 3–6–7　单相桥式全波可控整流电路

*5. 双向晶闸管与交流调压电路

双向晶闸管相当于一对反向并联的普通晶闸管，共用一个控制极，两个主电极分别是 A_1 和 A_2，控制电压加在 A_1 和控制极 G 之间（正、负均可）。由双向晶闸管构成的交流调压电路如图 3-6-9 所示。

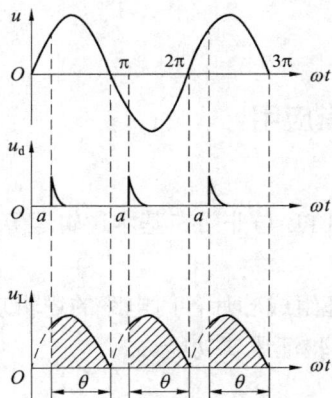

图 3-6-8 单相桥式全波可控整流电路
负载输出电压波形

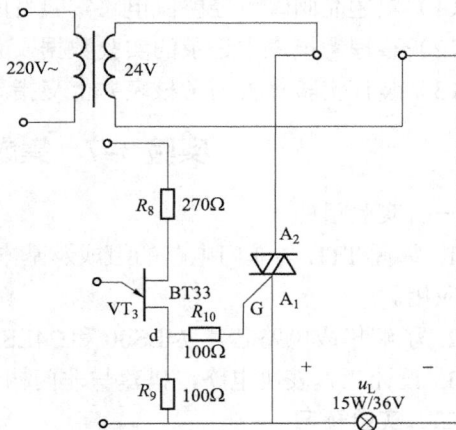

图 3-6-9 单相桥式全波可控整流电路

五、实验任务

1. 单结晶体管触发电路的测试

（1）将模拟电路实验箱电源插头插在 220V 电源插座上，打开实验箱电源开关，确定各指示灯点亮后，关断电源开关。

（2）按照图 3-6-3 电路接线，打开实验箱电源开关，用双踪示波器测量 a、b、c、d 各点电压的波形，要求分别同时 a、b，b、c，c、d 两个点的电压，以便观察上下波形相位关系，改变 R_{W1} 值，观察各点电压波形的变化情况，关断电源开关，将观测到的波形与图 3-6-4 所示各点波形进行比较。

2. 单相半波可控整流电路

（1）在 1 的基础上按照图 3-6-5 电路接线，打开实验箱电源开关，用双踪示波器测量 a 点和负载的电压波形，将观测到的波形记录于考核表 3-6 中。测量时，只使用 CH_1 和 CH_2 的一根接地线，以避免负载短路而烧坏晶闸管。

（2）改变 R_{W1} 的值，观察负载电压、灯的亮度的变化。同时用数字式万用表测量 R_{W1} 改变前后负载电压的平均值变化情况，并记入考核表 3-6 中，关断电源开关。

3. 单相桥式全波可控整流电路

（1）在 1 的基础上按照图 3-6-7 电路接线，打开实验箱电源开关，用双踪示波器测量 a 点和负载的电压波形，将观测到的波形记录于考核表 3-6 中。测量时，只使用 CH_1 和 CH_2 的一根接地线，以避免负载短路而烧坏晶闸管。

（2）改变 R_{W1} 的值，观察负载电压、灯的亮度的变化。同时用数字式万用表测量 R_{W1} 改变前后负载电压的平均值变化情况，并记入考核表 3-6 中，关断电源开关。

4. 单相交流调压电路

在前面 1 的基础上按照图 3-6-8 接线，重复上述步骤，将测得 a 点和负载电压的波形记入考核表 3-6 中。

六、实验报告

（1）叙述晶闸管可控整流电路实验目的、实验原理和实验任务（实验报告）。

（2）整理考核表中记录的实验数据，完成实验总结。

（3）装订实验报告与考核表并上交指导教师。

实验 3-7 集成与非门电路及其应用

一、实验目的

1. 掌握 TTL 与非门电路的组成及基本逻辑功能，了解 TTL 与非门在基本逻辑运算电路中的应用。

2. 了解集成电路芯片 74LS00 和 74LS20 引脚功能，验证组成芯片各门电路的逻辑功能。

3. 设计三人表决电路，搭建与非门构成的表决电路，并验证逻辑功能。

二、实验预习

1. 复习门电路的理论知识，了解 TTL 与非门电路的组成及基本逻辑功能，74LS00 和 74LS20 芯片的引脚功能。

2. 预习组合逻辑电路的分析与综合定律和方法。

3. 阅读实验指导书，了解集成门电路及其应用实验内容、实验步骤和实验任务。

4. 填写实验 3-7 考核表预习项。

三、实验设备

序号	名　称	数　量
1	电工电子综合实验箱	1
2	74LS00	1
3	74LS20	1

四、实验原理

1. TTL 与非门电路

由二极管、晶体管组成的门电路为分立元件门电路，TTL 集成门电路具有高可靠性和微型化的特点，常用的有"与""或""非""与非""或非""与或非"等门电路，其中"与非门"电路应用最普遍。

图 3-7-1 所示是标准 TTL74 系列与非门电路。VT_1 是多发射极晶体管，可把它的集电结看成一个二极管，而把发射结看成与前者背靠背的两个二极管，等效电路如图 3-7-2 所示，图中 VT_1 的作用和二极管与门的作用是完全相似的。当输入端不全为 1 时输出端的电位为 $V_y = (5 - 0.7 - 0.7)V = 3.6V$，即 $y = 1$，输入端全为 1 时输出端的电位为 $V_y = 0.3V$，即 $y = 0$。

数字电路实验中所用到的集成芯片都是双列直插式的，识别方法是：正对集成电路型号（如 74LS20）或看标记（左边的缺口或小圆点标记），从左下角开始按逆时针方向以 1，2，3，…依次排列到最后一脚（在左上角）。在标准形 TTL 集成电路中，电源端 U_{CC} 一般排在左上端，接地端 GND 一般排在右下端。TTL 与非门电路内各个逻辑门互相独立可以单独使用,但共用一根电源引线和一根地线。图 3-7-3(a)和图 3-7-4(a)分别是 74LS20 和 74LS00 与非门集成芯片引脚说明图,74LS00 由 4 个独立的与非门组成,每个与非门具有 2 个输入端。逻辑符号如图 3-7-3(b)所示。

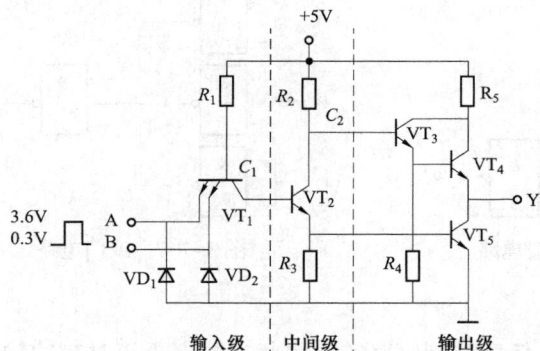

图 3-7-1 TTL 门电路

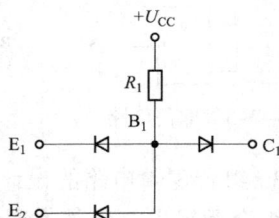

图 3-7-2 多发射极晶体管等效电路

逻辑表达式为

$$Y = \overline{A \cdot B}$$

74LS20 由 2 个独立的与非门组成,每个与非门具有 4 个输入端。逻辑符号如图 3-7-4(b)所示,逻辑表达式为

$$Y = \overline{A \cdot B \cdot C \cdot D}$$

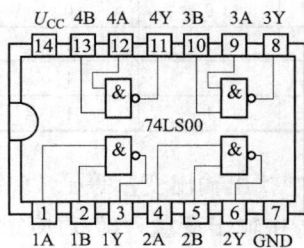
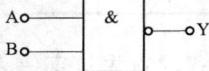

图 3-7-3 74LS00 芯片

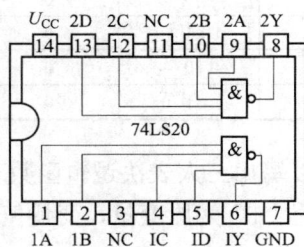
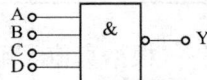

图 3-7-4 74LS20 芯片

2. 与非门在基本逻辑运算电路中的应用

与非门不仅能完成"与非"基本逻辑运算,还能实现"与""或""非"等基本逻辑运算。

(1)非门:$Y = \overline{A}$。

只需将与非门的所有输入端连接为一个端,即可以实现非逻辑运算,如图 3-7-5 所示。

(2)与门:$Y = ABC$。

根据逻辑运算基本定律可得

$$Y = ABC = \overline{\overline{ABC}}$$

用与非门实现与逻辑运算的电路如图 3-7-6 所示。

(3)或门:$Y = A + B + C$。

根据反演律可得

$$Y = A + B + C = \overline{\overline{A + B + C}} = \overline{\overline{A} \cdot \overline{B} \cdot \overline{C}}$$

用与非门实现或逻辑运算的电路如图 3-7-7 所示。

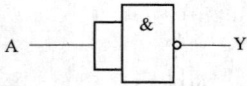

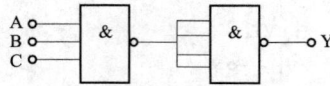

图 3-7-5　非门电路　　　　图 3-7-6　与门电路　　　　图 3-7-7　或门电路

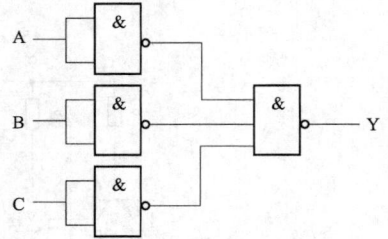

3. 组合逻辑电路的设计

组合逻辑电路由基本逻辑门电路构成，任意时刻电路的输出状态决定于该时刻的输入状态，与该时刻以前电路的状态无关。

三人表决问题中，三人意见为输入变量 A、B、C，同意为"1"，不同意为"0"；表决结果为输出变量 Y，通过为"1"，不通过为"0"。如果规定 A 同意且 B、C 至少 1 人同意时，表决通过，该问题逻辑函数见表 3-7-1 所列。

表 3-7-1　　　　　　　　　　　　　三 人 表 决 真 值 表

A	B	C	Y	A	B	C	Y
0	0	0	0	1	0	0	0
0	0	1	0	1	0	1	1
0	1	0	0	1	1	0	1
0	1	1	0	1	1	1	1

根据真值表可以写出三人表决逻辑函数表达式，首先从真值表中找出输出变量等于"1"的变量组合，变量值"1"为原变量，变量值"0"为原变量的非，表中输出变量"1"对应组合（各输入变量求逻辑"与"）分别为 $A\overline{B}C$、$AB\overline{C}$、ABC，即 $F = A\overline{B}C$，$F = AB\overline{C}$，$F = ABC$。求三种组合的逻辑或，$F = A\overline{B}C + AB\overline{C} + ABC$，化简得 $F = AB + AC$，这就是三人表决的函数表达式。逻辑电路是采用规定的门电路逻辑符号，构成逻辑函数运算关系的电路图形，三人表决的逻辑电路如图 3-7-8 所示。根据反演律可得

$$Y = AB + AC = \overline{\overline{AB + AC}} = \overline{\overline{AB} \cdot \overline{AC}}$$

用与非门实现三人表决电路如图 3-7-9 所示。

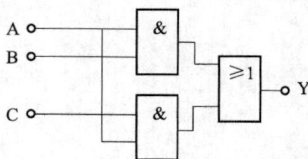

图 3-7-8　三人表决电路　　　　　　图 3-7-9　与非门三人表决电路

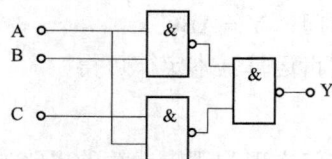

五、实验任务

1. TTL 与非门逻辑功能测试

按图 3-7-10 所示与非门逻辑功能测试电路图接线，两个输入端接逻辑开关输出插口，以提供"0"与"1"电平信号，逻辑开关向上，输出逻辑"1"，向下为逻辑"0"。与非门的输出端接由 LED 发光二极管组成的逻辑电平显示器（又称 0-1 指示器）的显示插口，LED 亮为逻辑"1"，不亮为逻辑"0"。

按考核表 3-7 与非门真值表测试集成块 74LS00 中 2 输入三个与非门的逻辑功能，将测试结果填入表中。

按图 3-7-11 所示与非门逻辑功能测试电路图接线，重复以上步骤测试集成块 74LS20 中两个 4 输入与非门的逻辑功能。

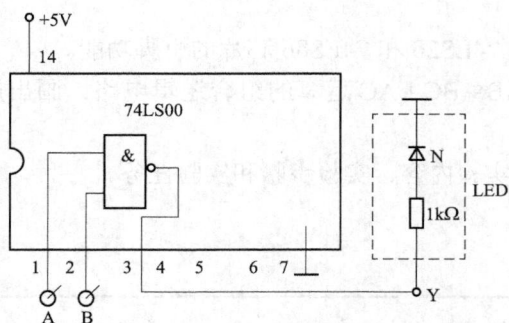

图 3-7-10　2 输入与非门逻辑功能测试电路　　　图 3-7-11　4 输入与非门逻辑功能测试电路

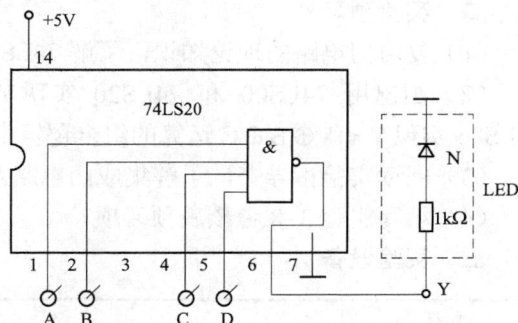

2. 与非门在基本逻辑运算电路中的应用

（1）非门：$Y = \overline{A}$。

按图 3-7-5 所示电路接线，按考核表 3-7 非门状态表测试与非门构成的非门逻辑功能，将测试结果填入表中。

（2）与门：$Y = ABC$。

按图 3-7-6 所示电路接线，按考核表 3-7 与门状态表测试与非门构成的与门逻辑功能，将测试结果填入表中。

（3）或门：$Y = A + B + C$。

按图 3-7-7 所示电路接线，按考核表 3-7 或门状态表测试与非门构成的或门逻辑功能，将测试结果填入表中。

3. 三人表决电路测试

从 74LS00 集成芯片选定两输入与非门 3 个，按图 3-7-9 所示电路接线，输入端接逻辑开关输出插口，以提供"0"与"1"电平信号，输出端接由 LED 发光二极管组成的逻辑电平显示器的显示插口。按考核表中三人表决状态表验证表决电路的逻辑功能。

4. 组合逻辑电路的设计与验证

设计一个三人（A、B、C）表决电路。每人控制一按键，按键表示赞同，为"1"；不按键表示不赞同，为"0"。用指示灯表示表决结果，多数赞同，灯亮为"1"，反之灯不亮为"0"。将所设计电路图填入考核表 3-7 中并验证该电路逻辑功能，将验证结果记入考核表 3-7 中。

六、实验报告

（1）叙述实验目的、实验原理和实验任务（实验报告）。

（2）整理实验数据，完成总结。

（3）装订实验报告与考核表并上交指导教师。

实验 3-8　集成异或门电路及其应用

一、实验目的

（1）分析与非门构成异或门电路的逻辑功能，练习搭建该电路。

（2）了解集成电路芯片 74LS86 引脚功能，检测组成芯片各门电路的逻辑功能。

（3）掌握设计全加器组合逻辑电路方法，练习搭建全加器电路，并验证逻辑功能。

二、实验预习

（1）复习门电路的理论知识，了解 74LS00、74LS20 和 74LS86 芯片的引脚功能。

（2）画出用 74LS00 和 74LS20 实现 $Y = AB + BC + AC$ 运算的组合逻辑电路；画出用 74LS86 实现 $Y = A \oplus B \oplus C$ 运算的组合逻辑电路。

（3）阅读实验指导书，了解集成门电路及其实验内容、实验步骤和实验任务。

（4）填写实验 3-8 考核表预习项。

三、实验设备

序号	名　称	数　量
1	数字电路实验箱	1
2	74LS00	1
3	74LS20	1
4	74LS86	1

四、实验原理

1. 异或门电路

如图 3-8-1 所示电路由 4 个与非门构成的组合逻辑电路，输出逻辑表达式为

$$Y = A \cdot \overline{B} + \overline{A} \cdot B$$

当输入 A 和 B 不是同为"1"或"0"时，输出为"1"；否则输出为"0"这种电路称为异或门电路，逻辑符号如图 3-8-2 所示、逻辑表达式为

$$Y = A \oplus B$$

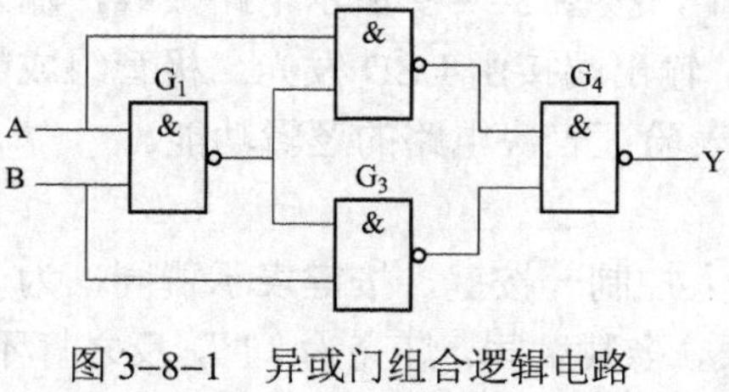

图 3-8-1　异或门组合逻辑电路 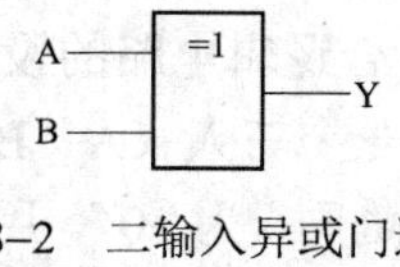　　　　　　图 3-8-2　二输入异或门逻辑符号

本次实验使用 74LS86（CT4086）异或门集成芯片，是由 4 个独立的异或门组成，其引脚说明如图 3-8-3 所示。

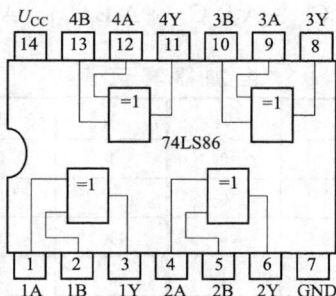

图 3-8-3　74LS86 引脚图

2. 半加器

半加器的含义是不考虑低位的进位，能实现两个一位二进制数相加的组合逻辑电路。设两个输入变量为 A_i、B_i，表示两个同位相加的数；两个输出量为 S_i、C_i，其中 S_i 表示半加和，C_i 表示向高位的进位。半加器真值表见表 3-8-1 所列。

表 3-8-1　　　　　　　　　　　　　半 加 器 真 值 表

A_i	B_i	S_i	C_i
0	0	0	0
0	1	1	0
1	0	1	0
1	1	0	1

由表 3-8-1 得

$$S_i = A_i \overline{B_i} + \overline{A_i} B_i = A_i \oplus B_i$$

$$C_i = A_i B_i$$

半加器的组合逻辑电路如图 3-8-4 所示，它由一个异或门和一个与门组成，其逻辑符号如图 3-8-5 所示。

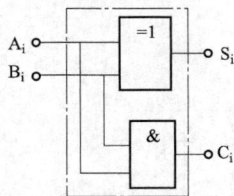

图 3-8-4　半加器逻辑电路图　　　　　　　　图 3-8-5　半加器逻辑符号

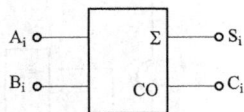

3. 全加器

全加器在运算时考虑低位的进位，能实现两个一位二进制数相加。设三个输入量为 A_i、B_i、C_{i-1}，其中 A_i、B_i 表示两个同位相加的数，C_{i-1} 表示低位来的进位；两个输出量为 S_i、C_i，其中

S_i 表示半加和，C_i 表示向高位的进位。全加器逻辑状态表见表 3-8-2 所列，由表 3-8-2 得

$$S_i = \overline{A_i}\,\overline{B_i}C_{i-1} + \overline{A_i}B_i\overline{C_{i-1}} + A_i\overline{B_i}\,\overline{C} + A_iB_iC_{i-1} = A_i \oplus B_i \cdot \overline{C_{i-1}} + \overline{A_i \oplus B_i} \cdot C_{i-1} = A_i \oplus B_i \oplus C_{i-1}$$

$$C_i = \overline{A_i}B_iC_{i-1} + A_i\overline{B_i}C_{i-1} + A_iB_i\overline{C_{i-1}} + A_iB_iC_{i-1} = A_iB_i + B_iC_{i-1} + A_iC_{i-1}$$

表 3-8-2　　　　　　　　　　　　　　　全加器真值表

A_i	B_i	C_{i-1}	S_i	C_i	A_i	B_i	C_{i-1}	S_i	C_i
0	0	0	0	0	1	0	0	1	0
0	0	1	1	0	1	0	1	0	1
0	1	0	1	0	1	1	0	0	1
0	1	1	0	1	1	1	1	1	1

　　由上式可画出全加器的组合逻辑图，如图 3-8-6 所示；图 3-8-7 为该组合逻辑电路的逻辑符号。

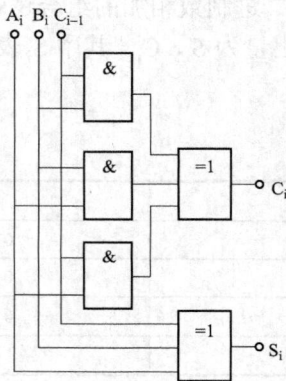

图 3-8-6　全加器电路　　　　　　　　　　　图 3-8-7　全加器逻辑符号

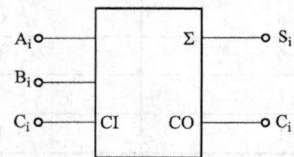

五、实验任务

1. 异或门逻辑功能测试

　　按图 3-8-8 所示异或门逻辑功能测试电路接线，异或门二个输入端接逻辑开关输出插口，以提供 "0" 与 "1" 电平信号，输出端接由 LED 发光二极管组成的逻辑电平显示器显示插口。

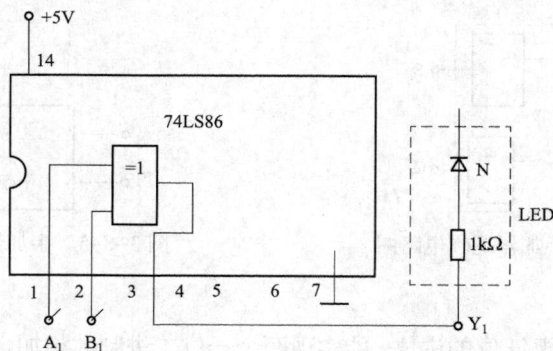

图 3-8-8　异或门逻辑功能测试电路

按考核表 3-8 异或门真值表测试集成块中两个异或门的逻辑功能,将测试结果填入表中。

2. 半加器电路逻辑功能测试

根据图 3-8-4 所示电路,用与非门 74LS00 和异或门 74LS86 搭建该半加器电路,测试其逻辑功能,验证其功能是否与表 3-8-1 一致。

3. 全加器电路逻辑功能测试

根据图 3-8-6 所示电路,设计由 74LS00、74LS20 和 74LS86 组成的全加器组合逻辑电路并填入考核表 3-8 中,搭建该全加器电路,测试其逻辑功能,验证其功能是否与表 3-8-2 一致。

*4. 两位串行加法电路设计与逻辑功能测试

对于多位加法运算,任一位的加法运算,都必须等到低位加法完成送来进位时才能进行。这种进位方式称为串行,而和数是并行相加的,是设计二位串行加法器电路,填入考核表 3-8 中,搭建该串行加法器电路,测试其逻辑功能。

六、实验报告

(1)叙述实验目的、实验原理和实验任务(实验报告)。

(2)整理实验数据,完成总结。

(3)装订实验报告与考核表并上交指导教师。

实验 3-9 编码器、译码器及其应用

一、实验目的

1. 了解编码器、译码器的逻辑功能及其应用。

2. 学习 8/3 线优先编码器 74LS148、3/8 线译码器 74LS138、双 2/4 线译码器 74LS139、双 4 选 1 数据选择器 74LS153 的逻辑功能和使用方法。

3. 掌握数据分配器、数据选择器的逻辑功能及其应用。

4. 进一步熟悉组合逻辑电路的设计过程及原理。

二、实验预习

1. 复习编码器、译码器数据分配和选择电路的工作原理。

2. 复习学习 8/3 线优先编码器 74LS148、3/8 线译码器 74LS138、双 2/4 线译码器 74LS139、双 4 选 1 数据选择器 74LS153 的逻辑功能和使用方法。

3. 阅读实验指导书,了解实验目的、实验原理和实验任务。

4. 认真填写实验 3-8 考核表中的预习项。

三、实验设备

序号	名 称	数 量
1	电工电子综合实验箱	1
2	74LS148	1
3	74LS138	1
4	74LS139	1
5	74LS153	1
6	74LS20	1
7	导线	若干

四、实验原理

1. 编码器

用数字或某种文字和符号来表示某一对象或信号的过程，称为编码。十进制的编码难于用电路来实现。在数字电路中一般用二进制编码，把具有编码功能的组合逻辑电路称为编码器。编码的过程是把二进制码按一定规律编排，使每组代码具有特定的含义。

编码器中除一般编码器外，还有优先编码器，优先编码器是一种允许同时输入两个以上的有效输入信号的编码器，优先编码器给所有的输入信号规定了优先顺序，当多个输入信号同时有效时，只对其中优先级最高的一个信号进行编码。74LS148 是常用的 8 线–3 线优先编码器，它能识别信号的优先级别，并进行编码。74LS148 是一种 8/3 线优先编码器，它的集成芯片引脚图，如图 3–9–1 所示，该器件有 8 个信号输入端 $\bar{I}_0 \sim \bar{I}_7$，一个选通输入端 $\overline{ST}$，3 个编码输出端 $\bar{Y}_0 \sim \bar{Y}_2$，一个选通输出端 Y_S 和一个扩展端 $\bar{Y}_{ES}$。它的逻辑功能见表 3–9–1。

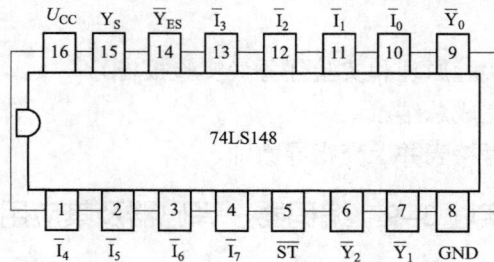

图 3–9–1　74LS148 集成芯片引脚图

表 3–9–1　　　　　　　　　8/3 线优先编码器 74LS148 逻辑功能表

输入									输出				
$\overline{ST}$	$\bar{I}_0$	$\bar{I}_1$	$\bar{I}_2$	$\bar{I}_3$	$\bar{I}_4$	$\bar{I}_5$	$\bar{I}_6$	$\bar{I}_7$	$\bar{Y}_2$	$\bar{Y}_1$	$\bar{Y}_0$	Y_S	$\bar{Y}_{ES}$
1	×	×	×	×	×	×	×	×	1	1	1	1	1
0	1	1	1	1	1	1	1	1	1	1	1	0	1
0	×	×	×	×	×	×	×	0	0	0	0	1	0
0	×	×	×	×	×	×	0	1	0	0	1	1	0
0	×	×	×	×	×	0	1	1	0	1	0	1	0
0	×	×	×	×	0	1	1	1	0	1	1	1	0
0	×	×	×	0	1	1	1	1	1	0	0	1	0
0	×	×	0	1	1	1	1	1	1	0	1	1	0
0	×	0	1	1	1	1	1	1	1	1	0	1	0
0	0	1	1	1	1	1	1	1	1	1	1	1	0

当 $\overline{ST}$ =0 时，信号输入端全为"1"时，Y_S 就为"0"，否则就为"1"，且信号输入端优先级别的次序是 $\bar{I}_7$、$\bar{I}_6$，…，$\bar{I}_0$，当某一输入端有"0"输入，而且比它的优先级别高的输入端无"0"输入时，输出端才输出其相对应的代码。

当 $\overline{ST}$ =1 时，$\bar{Y}_0 \sim \bar{Y}_2$ 都为"1"时，Y_{EX} =0。把 Y_{EX} 端与相同器件的 $\overline{ST}$ 端相接，可以构成更多输入端的优先编码器。

2. 译码器

译码器是一类多输入多输出组合逻辑电路器件，译码是编码的逆过程，编码将二进制代码赋予了确定的含义,把代码的含义翻译过来叫做译码,译码器是将输入二进制代码的状态翻译成输出信号,以表示其原来含义的电路,译码器分为变量译码和显示译码两类。74LS138 就是一个常用的 3/8 线译码器,它的芯片引脚图如图 3–9–2 所示,它的功能表见表 3–9–2。

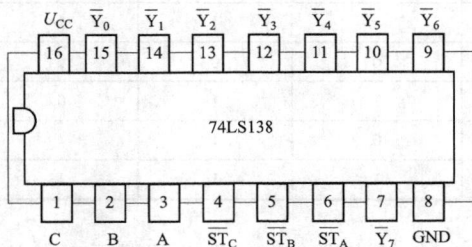

图 3–9–2　74LS138 集成芯片引脚图

表 3–9–2　　　　　　　　　　3/8 线译码器 74LS138 真值表

输　入					输　出							
ST_A	$\overline{ST_B} + \overline{ST_C}$	A	B	C	$\overline{Y_0}$	$\overline{Y_1}$	$\overline{Y_2}$	$\overline{Y_3}$	$\overline{Y_4}$	$\overline{Y_5}$	$\overline{Y_6}$	$\overline{Y_7}$
×	1	×	×	×	1	1	1	1	1	1	1	1
0	×	×	×	×	1	1	1	1	1	1	1	1
1	0	0	0	0	0	1	1	1	1	1	1	1
1	0	0	0	1	1	0	1	1	1	1	1	1
1	0	0	1	0	1	1	0	1	1	1	1	1
1	0	0	1	1	1	1	1	0	1	1	1	1
1	0	1	0	0	1	1	1	1	0	1	1	1
1	0	1	0	1	1	1	1	1	1	0	1	1
1	0	1	1	0	1	1	1	1	1	1	0	1
1	0	1	1	1	1	1	1	1	1	1	1	0

该器件有 3 个输入端 A、B、C,代表 3 位二进制数,有 8 个输出端 $\overline{Y_0} \sim \overline{Y_7}$,(低电平有效),另有 3 个选通端,其中,$\overline{ST_B}$、$\overline{ST_C}$ 为低电平有效,ST_A 为高电平有效,译码扩展时,它们具有减少外接门个数的作用。

3. 数据分配器

数据分配器就是把一个数据按地址送输出端,也是利用译码器实现信号的分路。双 2/4 线译码器 74LS139 具有数据分配器作用,74LS139 芯片引脚图如图 3–9–3 所示,其逻辑功能表见表 3–9–3。

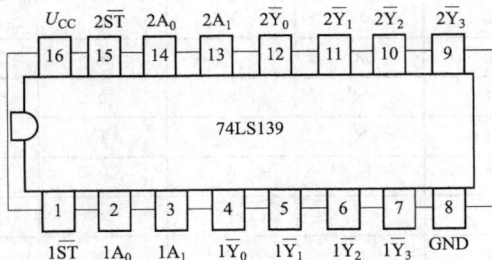

图 3–9–3　2/4 线译码器 74LS139 芯片引脚图

表 3-9-3   2/4 线 74LS139 译码器逻辑功能表

输 入			输 出			
$\overline{ST}$	A_1	A_0	$\overline{Y_0}$	$\overline{Y_1}$	$\overline{Y_2}$	$\overline{Y_3}$
1	×	×	1	1	1	1
0	0	0	0	1	1	1
0	0	1	1	0	1	1
0	1	0	1	1	0	1
0	1	1	1	1	1	0

74LS139 的选通端 $\overline{ST}$ =1 时，输出端全为"1"，分配器不工作，当 $\overline{ST}$ =0 时。输出端按 A_1 A_0 给出的地址要求，在相应的输出端输出"0"信号。所以，当选通端作为数据端使用时，此译码器可作为数据分配器用，即按输入地址将数据送到相应的输出端。

4. 数据选择器

数据选择器的逻辑功能与数据分配器的逻辑功能相反，数据选择器是从多路数据中选择一路数据在输出端输出。

本实验采用双 4 选 1 数据选择器 74LS153，芯片引脚图如图 3-9-4 所示，逻辑功能见表 3-9-4。74LS153 的选通端 $\overline{ST}$ =1 时，输出为"0"，选择器不工作，当 $\overline{ST}$ =0 时，选择器工作，其输出端的数据即为选择输入端地址所对应的某一通道的数据。

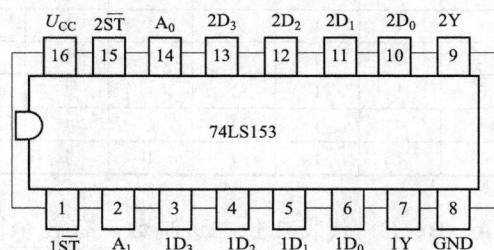

图 3-9-4   4 选 1 数据选择器 74LS153 芯片引脚图

表 3-9-4   双 4 选 1 数据选择器 74LS153

输 入							输 出
$\overline{ST}$	A_1	A_0	D_3	D_2	D_1	D_0	Y
1	×	×	×	×	×	×	0
0	0	0	×	×	×	0	0
0	0	0	×	×	×	1	1
0	0	1	×	×	0	×	0
0	0	1	×	×	1	×	1
0	1	0	×	0	×	×	0
0	1	0	×	1	×	×	1
0	1	1	0	×	×	×	0
0	1	1	1	×	×	×	1

五、实验任务

1. 编码器

将 8/3 线优先编码器 74LS148 插入备用的 16 脚插座上，输入 $\overline{ST}$、$\overline{I_0} \sim \overline{I_7}$ 接逻辑开关输出插口，以提供"0"与"1"电平信号，输出端 $\overline{Y_0} \sim \overline{Y_2}$ 及选通输出端 Y_S 扩展端 $\overline{Y_{EX}}$ 接电平指示灯，接通电源，观察输出状态是否与表 3-9-1 相符。

2. 译码器

把 3/8 线译码器 74LS138 插入备用的 16 脚插座上，A、B、C、ST_A、$\overline{ST_B}$、$\overline{ST_C}$ 分别接逻辑开关输出插口（相同状态可接在一起），输出端 $\overline{Y_0} \sim \overline{Y_7}$ 分别接电平指示灯，接通电源，验证其译码功能是否与表 3-9-2 相符。

3. 译码器构成全加器

按图 3-9-5 所示电路接线，用译码器 74LS138 和与非门 74LS20 构成全加器，将 ST_A 端接高电平，将 $\overline{ST_B}$、$\overline{ST_C}$ 端接低电平，将地址输入端 C、B、A 分别作为被加数 A_i、加数 B_i 和低位进位数 C_{i-1} 来使用，S_i 为本位和输出端，C_i 为进位输出端。按考核表 3-9 中的数据输入，将输出结果记入考核表中。

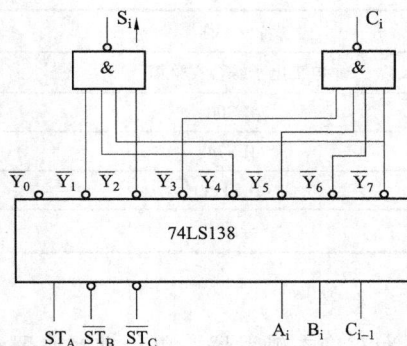

图 3-9-5 译码器构成全加器

4. 数据分配器

将双 2/4 线译码器 74LS139 插入备用的 16 脚插座上，地址输入端 A_0、A_1 及选通输入端 $\overline{ST}$ 分别接逻辑开关输出插口，输出端 $\overline{Y_3} \sim \overline{Y_0}$ 接电平指示灯。由地址输入端输入一个地址码时，将 $\overline{ST}$ 端分别置"0"和置"1"，观察输出端指示灯的变化，将输出结果记入实验考核表 3-9 中。观察输出结果是否符合数据分配器的功能。

5*. 数据选择器

将双 4 选 1 数据选择器 74LS153 插入 16 脚备用插座上，选择输入端 A_0、A_1 分别接逻辑开关，数据输入端 $D_3 \sim D_0$ 接逻辑开关或悬空，选通端 $\overline{ST}$ 接"0"，改变输入地址，将输出结果记入实验考核表 3-9 中。

六、实验报告

（1）叙述编码、译码及数据分配和选择电路的实验目的、实验原理和实验任务（实验报告）。

（2）整理考核表中实验结果，完成实验总结。

（3）装订实验报告与考核表并上交指导教师。

实验 3-10　触发器及其转换

一、实验目的

（1）学习搭建基本 RS 触发器的电路。

（2）了解双 D 触发器 74LS74 和双 JK 触发器 74LS112 引脚排列。

（3）验证基本 RS 触发器、D 触发器和 JK 触发器的逻辑功能。

（4）学习触发器之间转换的方法，搭建转换电路并验证其逻辑功能。

二、预习要求

（1）预习 RS 触发器的电路组成和逻辑功能。

（2）复习双 JK 触发器 74LS112 和 D 双触发器 74LS74 的组成及逻辑功能，了解触发器之间相互转换的方法。

（3）阅读实验指导书，了解实验内容、实验步骤和实验任务。

（4）填写实验 3-10 考核表的预习。

三、实验设备

序号	名　　称	数　　量
1	电工电子综合实验箱	1
2	74LS00	1
3	74LS74	1
4	74LS112	1
5	导线	若干

四、实验原理

触发器按其稳定状态可分为双稳态触发器、单稳态触发器和无稳态触发器，双稳态触发器具有两个稳定状态，在一定的输入信号作用下，可以从一个稳定状态翻转到另一个稳定状态，它是一个具有记忆功能的二进制信息存储器件，是构成各种时序电路的最基本逻辑单元。按触发器的功能可分为 RS 触发器、JK 触发器、D 触发器和 T 触发器等。

1. 基本 RS 触发器

图 3-10-1 为由两个与非门交叉连接构成的基本 RS 触发器及其逻辑符号，它是无时钟控制低电平直接触发的触发器。基本 RS 触发器具有置"0"、置"1"和"保持"三种功能。表 3-10-1 为基本 RS 触发器的逻辑状态表。

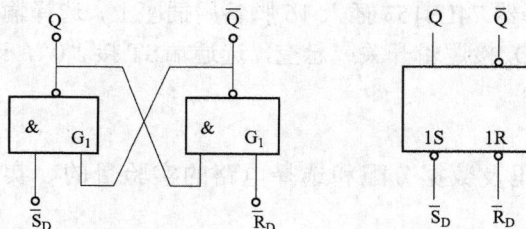

图 3-10-1　基本 RS 触发器及其逻辑符号

表 3–10–1 RS 触发器

输 入		输 出
$\overline{S}$	$\overline{R}$	Q_{n+1}
0	0	不定
0	1	1
1	0	0
1	1	Q_n

2. 可控 RS 触发器

基本 RS 触发器是各种双稳态触发器的共同部分，加上引导电路或控制电路便构成可控 RS 触发器，图 3–10–2 为可控 RS 触发器逻辑符号，表 3–10–2 为其逻辑状态表。

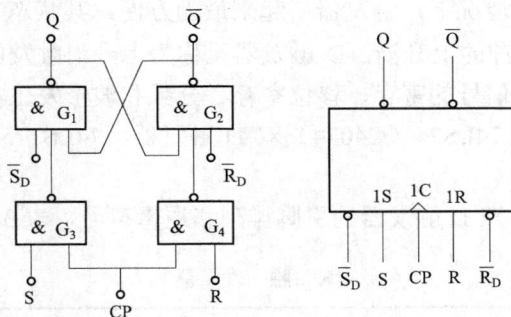

图 3–10–2　可控 RS 触发器及其逻辑符号

表 3–10–2 可控 RS 触发器

输 入		输 出
S	R	Q_{n+1}
0	0	Q_n
0	1	0
1	0	1
1	1	不定

3. JK 触发器

如图 3–10–3 所示是主从型 JK 触发器的结构图，它由两个可控 RS 触发器串联组成，J 和 K 是信号输入端，主从型 JK 触发器具有在时钟脉冲 CP 从"1"下跳为"0"时（即时钟脉冲下降沿）翻转的特点，JK 逻辑符号及触发器引脚排列如图 3–10–4 所示，表 3–10–3 为其逻辑状态表。JK 触发器常被用作缓冲存储器，移位寄存器和计数器。图 3–10–4 为 JK 触发器逻辑符号及 74LS112 双 JK 触发器引脚排列图。

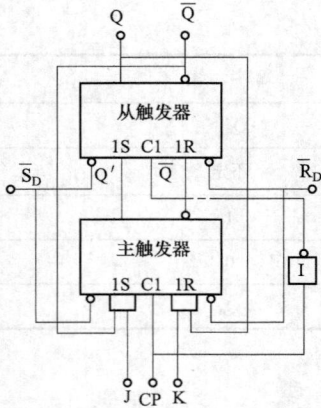

图 3-10-3　JK 触发器结构图　　　　　　　　　图 3-10-4　JK 触发器逻辑符号及引脚排列

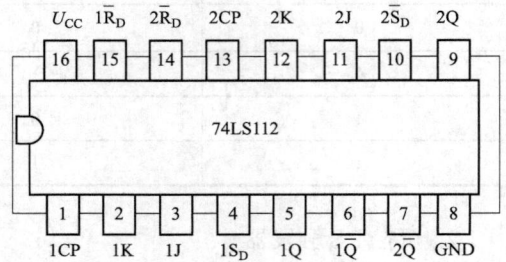

4. D 触发器

在输入信号为单端的情况下，触发器用起来最为方便，其状态方程为 $Q_{n+1} = D_n$，其输出状态的更新发生在 CP 脉冲的上升沿，D 触发器又称为上升沿触发的边沿触发器，D 触发器的应用很广，可用作数字信号的寄存、移位寄存、分频和波形发生等。有很多种型号可供各种用途的需要而选用，如 74LS74（C4074）双 D 触发器、74LS175 四 D 触发器和 74LS174 六 D 触发器等。

图 3-10-5 为 74LS74 双 D 触发器的引脚排列和逻辑符号，表 3-10-4 为其逻辑状态表。

表 3-10-3   JK 触 发 器

输　　入		输　　出
J　K		Q_{n+1}
0　0		Q_n
0　1		0
1　0		1
1　1		$\overline{Q}_n$

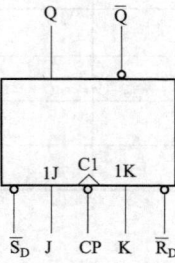

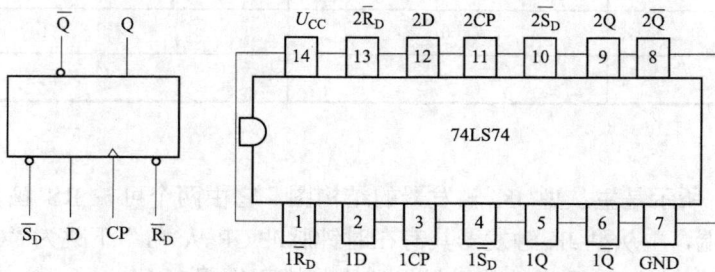

图 3-10-5　D 触发器逻辑符号及引脚排列

5. 触发器之间的相互转换

在集成触发器的产品中，每一种触发器都有自己固定的逻辑功能，它可以利用转换的方法获得具有其他功能的触发器。例如将 JK 触发器的 J、K 两端连在一起，如图 3-10-6（a）所示，表 3-10-5 为 T 触发器的逻辑状态表，由表可见，当 T=0 时，时钟脉冲作用后，其状态保持不变；当 T=1 时，时钟脉冲作用后，触发器状态翻转。所以，若将触发器的 T 端置"1"，如图 3-10-6（b）所示，即得 T′触发器，CP 端每来一个 CP 脉冲信号，触发器的状态就翻转一次，故称之为反转触发器，T′触发器广泛用于计数电路中。

表 3-10-4　　　　　　　　　　　**D 触 发 器**

输　入	输　出
D	Q_{n+1}
0	0
1	1

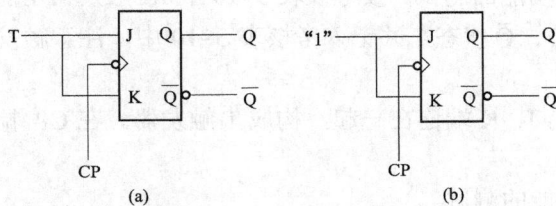

图 3-10-6　JK 触发器转换为 T、T′触发器

（a）T 触发器；（b）T′触发器

若将 D 触发器 $\overline{Q}$ 端与 D 端相连，便转换成 T′触发器，如图 3-10-7 所示。JK 触发器也可转换为 D 触发器，如图 3-10-8 所示。

表 3-10-5　　　　　　　　　　　**T 触 发 器**

输　入	输　出
T	Q_{n+1}
0	Q_n
1	$\overline{Q}_n$

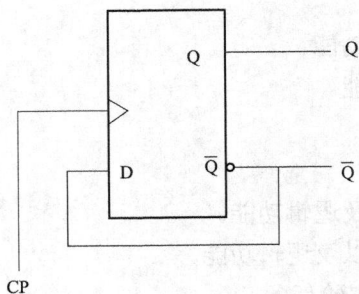

图 3-10-7　T′触发器　　　　　　　　　　图 3-10-8　D 触发器

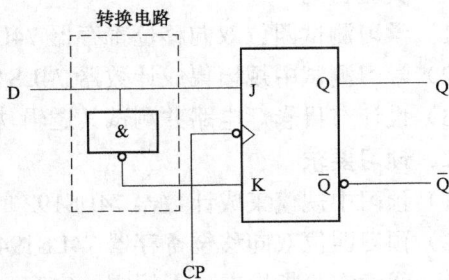

五、实验任务

1. 基本 RS 触发器逻辑功能的测试

按图 3–10–1，用两个与非门组成基本 RS 触发器，输入端 $\overline{R}$、$\overline{S}$ 接逻辑开关的输出插口，输出端 Q、$\overline{Q}$ 接逻辑电平显示输入插口，按考核表 3–10 中要求测试基本 RS 触发器的逻辑功能，将测试结果记录下来。

2. JK 触发器逻辑功能的测试

（1）$\overline{R}_D$、$\overline{S}_D$ 置位功能。任取一只 JK 触发器，$\overline{R}_D$、$\overline{S}_D$、J、K 端接逻辑开关输出插口，CP 端接单次脉冲源，Q、$\overline{Q}$ 端接至逻辑电平显示输入插口，当 J、K 和 CP 处于任意状态情况下，令 $\overline{R}_D=0$、$\overline{S}_D=0$ 观察输出 Q、$\overline{Q}$ 的状态，再令 $\overline{R}_D=1$、$\overline{S}_D=0$，观察输出 Q、$\overline{Q}$ 的状态，任意改变 J、K 及 CP 的状态进一步观察输出 Q、$\overline{Q}$ 的状态，总结 $\overline{R}_D$、$\overline{S}_D$ 置位功能。

（2）JK 触发器逻辑功能的测试。按考核表 3–10 中 JK 触发器功能的测试要求改变 J、K、CP 端状态，观察输出 Q、$\overline{Q}$ 状态，并记入考核表 3–10 中，注意触发器状态更新在 CP 脉冲上升沿还是下降沿。

（3）将 JK 触发器的 J、K 端连在一起，构成 T 触发器。在 CP 端连续输入脉冲，观察输出端 Q、$\overline{Q}$ 的状态。

3. D 触发器逻辑功能的测试

（1）测试 $\overline{R}_D$、$\overline{S}_D$ 置位和复位功能。测试方法同实验任务 2.（1）。

（2）D 触发器逻辑功能的测试。按考核表 3–10 中 D 触发器逻辑功能的测试要求改变 D 和 CP 端状态，观察 Q、$\overline{Q}$ 状态，注意触发器状态更新在 CP 脉冲上升沿还是下降沿。

（3）将 D 触发器的 $\overline{Q}$ 端与 D 端相连接，构成 T′ 触发器，如图 3–10–7 所示。测试方法同实验任务 2.（3）。

六、实验报告

（1）叙述触发器及其应用的实验目的、实验原理和实验任务（实验报告）。

（2）整理考核表中实验结果，完成实验总结。

（3）装订实验报告与考核表并上交指导教师。

实验 3–11　寄存器、计数器及其应用

一、实验目的

（1）学习测试四位双向移位寄存器 74LS194 的逻辑功能。

（2）学习测试中规模集成计数器 74LS192 的逻辑功能。

（3）设计节日彩灯电路并测试其逻辑功能。

二、预习要求

（1）预习中规模集成计数器 74LS192 的引脚编号以及逻辑功能。

（2）预习四位双向移位寄存器 74LS194 的引脚编号以及逻辑功能。

（3）阅读实验指导书，了解实验内容、实验步骤和实验任务。

（4）填写实验 3–11 考核表的预习 1、2。

三、实验设备

序号	名　称	数　量
1	电工电子综合实验箱	1
2	74LS00	1
3	74LS20	1
4	74LS74	1
5	74LS192	1
6	74LS194	1

四、实验原理

1. 数码寄存器

寄存器是用来暂时存放参与运算的二进制数码，由具有记忆单元的触发器组成，由于每个触发器能存放一位二进制数码，所以存放 n 位数码需要 n 个触发器。具有置 "1"、置 "0" 功能的触发器均可作为组成寄存器的基本单元，门电路组成的控制电路能控制寄存器存数和取数。

图 3-11-1 是由基本 RS 触发器和控制门组成的 2 位数码寄存器。图（a）是双拍工作方式数码寄存器，先由负脉冲清零，再由正脉冲接收输入数码；图（b）是单拍工作方式数码寄存器，它不需要事先清零。

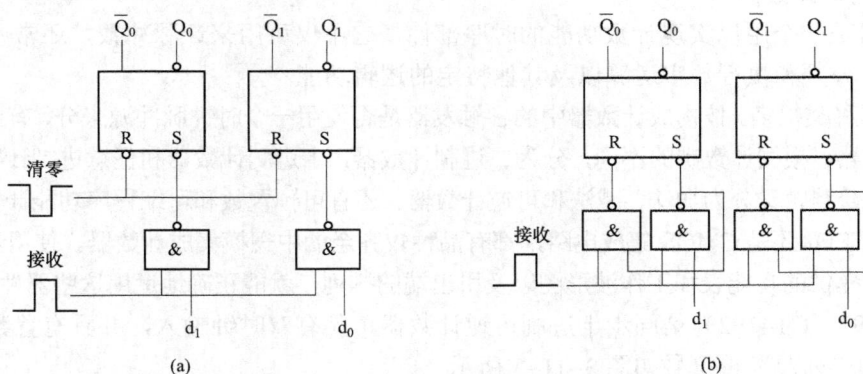

图 3-11-1　二位数码寄存器
（a）双拍工作方式；（b）单拍工作方式

2. 双向移位寄存器

具有移位功能的移位寄存器称为移位寄存器，简称移存器。移存器除了可以寄存数据外，还可以在时钟脉冲的控制下将所存储的数据向右或向左移位。按移位方式不同分为单向移位寄存器和双向移位寄存器。双向移位寄存器是既能右移位寄存器也能左移位的寄存器。74LS194 是四位双向移位寄存器，它具有左移、右移、并行/串行输入数据、保持和清 0 等功能。图 3-11-2 是它的引脚图，D_{SR} 是右移串行数据输入端，$\overline{CR}$ 是清除端（低电平有效），D_{SL} 是左移串行数据输入端，$D_0 \sim D_3$ 是并行数据输入端，M_0、M_1 表示工作方式控制端。表 3-11-1 是它的逻辑功能表。

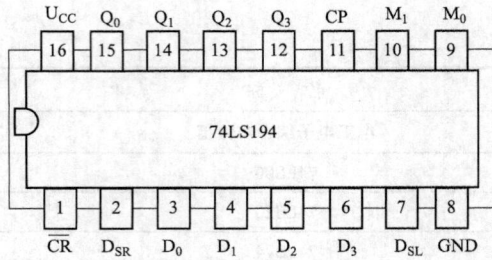

图 3–11–2 双向移位寄存器 74LS194 引脚图

表 3–11–1　　　　　　　　　　双向移位寄存器 **74LS194** 逻辑功能表

工作方式	输　入							输　出			
	$\overline{CR}$	M_1	M_0	CP	D_{SR}	D_{SL}	D_n	Q_0	Q_1	Q_2	Q_3
清除	0	×	×	×	×	×	×	0	0	0	0
保持	1	0	0	×	×	×	×	d_0	d_1	d_2	d_3
左移	1	1	0	∫	×	0/1	×	d_1	d_2	d_3	0/1
右移	1	0	1	∫	0/1	×	×	0/1	d_0	d_1	d_2
并行输入	1	1	1	∫	×	×	D_n	d_0	d_1	d_2	d_3

3. 十进制计数器

计数器是一个用以实现计数功能的时序部件，它不仅可用来计脉冲数，还常用作数字系统的定时、分频和执行数字运算以及其他特定的逻辑功能。

计数器种类很多。按构成计数器中的各触发器是否使用一个时钟脉冲源来分，有同步计数器和异步计数器。根据计数制的不同，分为二进制计数器，十进制计数器和任意进制计数器。根据计数的增减趋势，又分为加法、减法和可逆计数器。还有可预置数和可编程序功能计数器等。目前，无论是 TTL 还是 CMOS 集成电路，都有品种较齐全的中规模集成计数器。使用者只要借助于器件手册提供的功能表和工作波形图以及引出端的排列，就能正确地运用这些器件。

74LS192（CT4192）是同步十进制可逆计数器，具有双时钟输入，并具有置数和清零功能，其引脚排列及逻辑符号如图 3–11–3 所示。

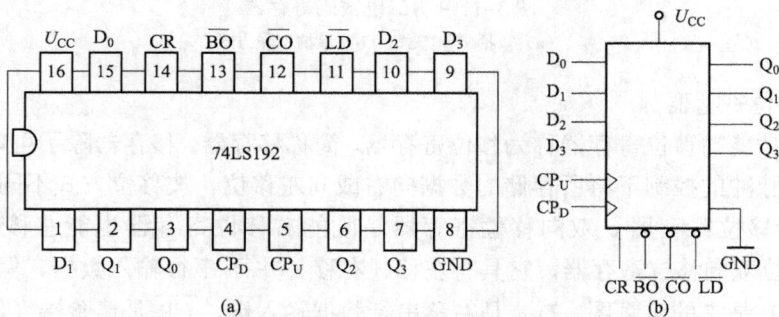

图 3–11–3　74LS74 引脚排列及逻辑符号

（a）引脚排列；（b）逻辑符号

图中 $\overline{LD}$ 为置数端，CP_U 为加计数端，CP_D 为减计数端，$\overline{CO}$ 为非同步进位输出端，$\overline{BO}$ 为非同步借位输出端，D_0、D_1、D_2、D_3 为计数器输入端，CR 为清零端，Q_0、Q_1、Q_2、Q_3 为数据输出端。74LS192 的逻辑功能见表 3–11–2。

当清除端 CR 为高电平"1"时，计数器直接清零，CR 置低电平则执行其他功能；当 CR 为低电平，置数端 $\overline{LD}$ 也为低电平"0"时，数据直接从置数端 D_0、D_1、D_2、D_3 置入计数器；当 CR 为低电平，$\overline{LD}$ 为高电平时，执行计数功能。执行加计数时，减计数端 CP_D 接高电平"1"，计数脉冲由 CP_U 输入；在计数脉冲上升沿"↑"时进行 8421 码十进制加法计数。相反，执行减计数时，加计数端 CP_U 接高电平"1"，计数脉冲由减计数端 CP_D 输入，在计数脉冲上升沿"↑"时进行 8421 码十进制减法计数。

表 3–11–2　　　　　　　　　　　74LS192 的逻辑功能表

输　　入								输　　出			
CR	$\overline{LD}$	CP_U	CP_D	D_3	D_2	D_1	D_0	Q_3	Q_2	Q_1	Q_0
1	×	×	×	×	×	×	×	0	0	0	0
0	0	×	×	d	c	b	a	d	c	b	a
0	1	↑	1	×	×	×	×	加计数			
0	1	1	↑	×	×	×	×	减计数			

五、实验任务

1. 74LS194 是四位双向移位寄存器逻辑功能的测试

（1）并行输入数据 $D_0D_1D_2D_3=1011$。按考核表要求，输入信号端接逻辑开关的输出插口，输出端 Q_0 接逻辑电平显示输入插口，打开电源，先将寄存器清零，再将数据 $D_0D_1D_2D_3=1011$ 并行输入到寄存器中，将输出状态记入考核表中。

（2）寄存器左移功能测试。将寄存器清零后，令 $M_1M_0=10$，按考核表要求，输入数据 D_{SL} 端接逻辑开关的输出插口，输出端 Q_0、Q_1、Q_2 和 Q_3 接逻辑电平显示输入插口，移位脉冲 CP 接单次脉冲信号，把数码 1011 通过单次脉冲逐个移入寄存器中，将数码左移情况记入考核表 3–11 中。

（3）寄存器右移功能测试。寄存器清零后，令 $M_1M_0=01$，按考核表要求，输入数据 D_{SR} 端接逻辑开关的输出插口，输出端 Q_0、Q_1、Q_2 和 Q_3 接逻辑电平显示输入插口，移位脉冲 CP 接单次脉冲信号，把数码 1011 通过单次脉冲逐个移入寄存器中，将数码右移情况记入考核表 3–11 中。

（4）节日彩灯电路设计。保留寄存器数据 1011 不变，将 Q_0 端与 D_{SL} 相接，在 CP 脉冲的作用下，其输出状态可循环移位。改变寄存器的数码，在 CP 端接低频连续脉冲，就可组成节日彩灯多种形式。将 Q_3 端与 D_{SR} 相接，重复以上步骤实现右移循环。

2. 74LS192 同步十进制可逆计数器功能的测试

计数脉冲由单次脉冲源提供，清除端 CR、置数端 $\overline{LD}$、数据输入端和 D_3、D_2、D_1、D_0 分别接逻辑开关输出插口，数据输出端 Q_3、Q_2、Q_1、Q_0 接逻辑电平显示插口。

（1）清除与置数。令 CR=1，其他输入任意状态，将观察到的 Q_3、Q_2、Q_1、Q_0 计数器输出状态并记入于考核表 3–10 中。清除功能完成后，置 CR=0，CP_U 和 CP_D 任意，数据输入端输入任意一组二进制数，令 $\overline{LD}=0$，观察到的 Q_3、Q_2、Q_1、Q_0 计数器输出状态并记入考核表中，置数功能完成后，置 $\overline{LD}=1$。

（2）加计数。令 CR=0，$\overline{LD}=CP_D=1$，CP_U 接单次脉冲源。清零后送入 10 个单次脉冲，观察译码数字显示是否按 8421 码十进制状态转换表进行，输出状态变化发生在 CP_U 的上升沿还是下降沿，将观察结果记录于考核表中。

（3）减计数。CR=0，$\overline{LD}=CP_U=1$，CP_D 接单次脉冲源。清零后送入 10 个单次脉冲，观察计数器输出显示是否按 8421 码十进制状态转换表进行，输出状态变化发生在 CP_D 的上升沿还是下降沿，将观察结果记录于考核表中。

六、实验报告

（1）叙述寄存器、计数器电路及其应用实验目的、实验原理和实验任务（实验报告）。

（2）整理考核表中实验结果，完成实验总结。

（3）装订实验报告与考核表并上交指导教师。

实验 3–12　计数、译码、显示电路

一、实验目的

（1）了解验证显示译码器的逻辑功能。

（2）掌握七段数码显示器的逻辑功能与使用方法。

（3）练习搭建计数、译码、显示电路，验证电路逻辑功能。

二、预习要求

（1）预习译码和显示电路的组成和工作原理。

（2）预习 74LS48 集成芯片引脚功能和七段数码显示器的组成及原理。

（3）阅读实验指导书了解实验目的、实验原理和实验任务。

（4）填写实验 3–12 考核表的预习。

三、实验设备

序号	名　称	数　量
1	电工电子综合实验箱	1
2	74LS192	1
3	74LS48	1
4	七段半导体数码显示器	1

四、实验原理

1. 数码显示器

常用的显示器件有半导体数码管、液晶数码管和荧光数码管等。半导体数码管（或称 LED 数码管）的基本单元是发光二极管 LED，它将十进制数码分成七个字段，每段为一发光二极管，其字形结构如图 3–12–1 所示。选择不同字段发光，可显示出不同的字形。例如，当 a，b，c，d，e，f，g 七个字段全亮时，显示出 "8"；b，c 段亮时，显示出 "1"。

半导体数码管中七个发光二极管有共阴极和共阳极两种接法，如图 3-12-2 所示。前者为共阴极接法，某一字段接高电平时发光；后者为共阳极接法，接低电平时发光。使用时每个管要串联限流电阻。显示译码器输出高电平有效时，需选用共阴极数码显示器；译码器输出低电平有效时，需选用共阳极数码显示器。

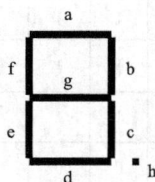

图 3-12-1　七段数码显示器　　　　　图 3-12-2　七段数码管的两种接法

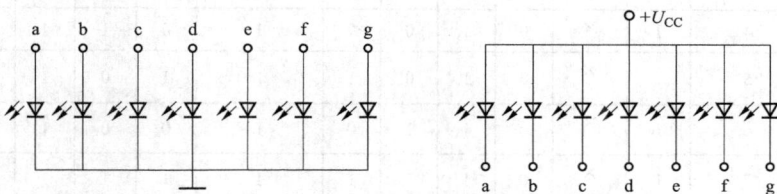

2. 七段显示译码器

七段显示译码器 74LS48 是一种与共阴极数字显示器配合使用的集成译码器，它的功能是将输入的 4 位二进制代码转换成显示器所需的七个段信号 a～g，如图 3-12-3 所示，74LS48 芯片引脚如图 3-12-4 所示。$\overline{\text{BI}}/\text{RBO}$ 是消隐输入、脉冲消隐输出（低电平有效）；D～

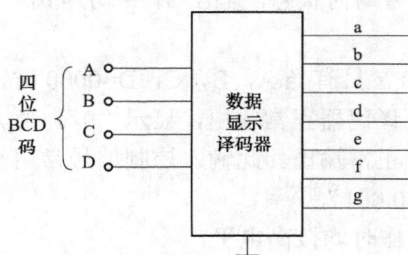

图 3-12-3　七段显示译码器　　　　　图 3-12-4　74LS48 芯片引脚图

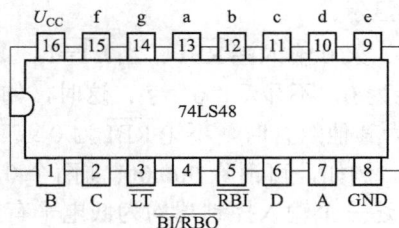

A 是译码地址输入端；$\overline{\text{LT}}$ 灯测试输入端；$\overline{\text{RBI}}$ 脉冲消隐输入端，a，b，…，g：段输出（低电平有效）。译码显示的逻辑功能表见表 3-12-1 所列。

表 3-12-1　　　　　　　　　　　译码显示的逻辑功能

功能	输　　　　入						$\overline{\text{BI}}/\text{RBO}$	输　　　　出							字形
	$\overline{\text{LT}}$	$\overline{\text{RBI}}$	D	C	B	A		Y_a	Y_b	Y_c	Y_d	Y_e	Y_f	Y_g	
试灯	0	×	×	×	×	×	1	1	1	1	1	1	1	1	
灭灯	×	×	×	×	×	×	0	0	0	0	0	0	0	0	全灭
灭 0	1	0	0	0	0	0	0	0	0	0	0	0	0	0	灭 0
0	1	1	0	0	0	0	1	1	1	1	1	1	1	0	
1	1	1	0	0	0	1	1	0	1	1	0	0	0	0	
2	1	×	0	0	1	0	1	1	1	0	1	1	0	1	

续表

功能	输入						$\overline{BI/RBO}$	输出							字形
	$\overline{LT}$	$\overline{RBI}$	D	C	B	A		Y_a	Y_b	Y_c	Y_d	Y_e	Y_f	Y_g	
3	1	×	0	0	1	1	1	1	1	1	1	0	0	1	∃
4	1	×	0	1	0	0	1	0	1	1	0	0	1	1	Ч
5	1	×	0	1	0	1	1	1	0	1	1	0	1	1	5
6	1	×	0	1	1	0	1	0	0	1	1	1	1	1	b
7	1	×	0	1	1	1	1	1	1	1	0	0	0	0	٦
8	1	×	1	0	0	0	1	1	1	1	1	1	1	1	8
9	1	×	1	0	0	1	1	1	1	1	0	0	1	1	٩

（1）试灯输入端 $\overline{LT}$。用来检验数码管的七段是否正常工作。当 $\overline{BI}$=1， $\overline{LT}$=0时，无论 A，B，C，D，为何状态，输出 a～g 均为"1"，数码管七段全亮，显示"8"字。

（2）灭灯输入端 $\overline{BI}$。当 $\overline{BI}$=0，无论其他输入信号为何状态，输出 a～g 均为 0，七段全灭，无显示。

（3）灭 0 输入端 $\overline{RBI}$。当 $\overline{LT}$=1， $\overline{BI}$=0， $\overline{RBI}$=0，只有当 A，B，C，D=0000 时，输出 a～g 均为 0，不显示"0"字；这时，如果 $\overline{RBI}$=1，则译码器正常输出，显示"0"。当 A，B，C，D 为其他组合时，不论 $\overline{RBI}$ 为 0 或 1，译码器均可正常输出。此输入控制信号常用来消除无效 0。例如，可消除 000.001 前两个 0，则显示出"0.001"。

上述三个输入控制端均为低电平有效，在正常工作时均接高电平。

五、实验任务

1. 七段显示译码器功能测试

试灯输入端 $\overline{LT}$、灭 0 输入端 $\overline{RBI}$、灭灯输入端 $\overline{BI/RBO}$ 和四个译码输入端 A、B、C、D 分别接逻辑开关输出插口，七个输出端 Y_a ～ Y_g 接逻辑电平显示插口，按考核表 3–12 进行试灯、灭灯和灭 0 测试，将结果记录于考核表中。

2. 七段数码显示器的测试

连接好七段数码显示器的电源和地，将七段显示译码器七个输出端 Y_a ～ Y_g 由逻辑电平显示插口换接至七段数码显示器的 a、b、c、d、e、f、g，重复 1 步骤，观察显示器数字变化，并将结果记录与考核表 3–12 中。

3. 计数译码显示电路

将 74LS192 计数器和 74LS48 译码器芯片 16 引脚接+5V 电源，8 引脚接地，将数码管公共端接地按图 3–12–5 连接好电路，令 CR=0， $\overline{LD}$=CP$_D$=1，CP$_U$ 接单次脉冲源。计数器清零后送入 9 个单次脉冲，观察七段码管是否按加计数规律依次显示数字 0，1，2，…，9，再令 CR=0， $\overline{LD}$=CP$_U$=1，CP$_D$ 接单次脉冲源。CP$_D$ 端送入 9 个单次脉冲，观测七段码管是否按减计数规律依次显示数字 9，8，7，…，0，将结果记入考核表 3–12 中。

六、实验报告

（1）叙述触发器及其应用的实验目的、实验原理和实验任务（实验报告）。

（2）整理考核表中实验结果，完成实验总结。

（3）装订实验报告与考核表并上交指导教师。

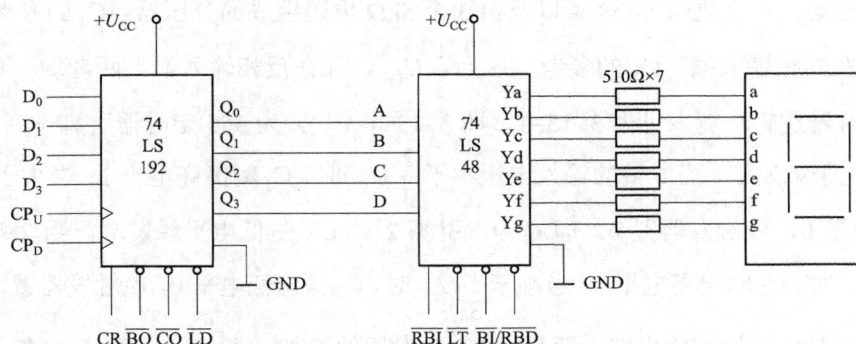

图 3-12-5   计数、译码、显示电路

实验 3-13   555 集成定时器的应用（一）

一、实验目的

（1）了解 555 集成定时器电路组成和工作原理。

（2）练习搭建 555 集成定时器组成多谐振荡器，观测电容元件电压 u_C 和输出电压 u_o 的波形。

（3）通过实验了解电阻 R 和电容 C 两参数对振荡周期 T 和脉冲宽度的影响。

二、实验预习

（1）了解 555 定时器的结构及工作原理。

（2）预习 555 集成定时器构成无稳态触发器（多谐振荡器）电路的组成和工作原理。

（3）阅读实验指导书，了解实验目的、实验原理和实验任务。

（4）认真填写实验 3-13 考核表中的预习思考。

三、实验设备

序号	名　称	数　量
1	电工电子综合实验箱	1
2	双踪示波器	1
3	555 定时器	1
4	电阻（3kΩ、33kΩ、68kΩ）	各 1 只
5	电容（0.1μF、1μF）	各 1 只
6	导线	若干

四、实验原理

555 集成定时器是用于取代机械式定时器的双极型中规模集成电路，因输入端有三个 5kΩ 电阻而得名，目前有双极型和 CMOS 两种，它们的结构和工作原理相似。555 定时器在工业控制、定时、检测和报警等方面有广泛应用。

1. 555 集成定时器的工作原理

图 3–13–1（a）是 555 定时器的电路图，555 定时器含有两个电压比较器 C_1 和 C_2、一个基本 RS 触发器、一个放电 MOS 管以及由 3 个 5kΩ 电阻组成的分压器。C_1 的参考电压为 $\frac{2}{3}U_{CC}$，加在同相输入端；C_2 的参考电压为 $\frac{1}{3}U_{CC}$，加在反相输入端。两者均在分压器上取得。555 定时器逻辑功能表见表 3–13–1，图 3–13–1（b）为 555 定时器引脚排列图。引脚 6（TH）是高电平触发端。当 6 端的输入电压小于 $\frac{2}{3}U_{CC}$ 时，C_1 输出高电平 1；当大于 $\frac{2}{3}U_{CC}$ 时，C_1 输出低电平 0，使触发器置 0。即 Q=0；引脚 2（TL）是低电平触发端。当 2 端的输入电压大于 $\frac{1}{3}U_{CC}$ 时，C_2 输出高电平 1；当小于 $\frac{1}{3}U_{CC}$ 时，C_2 输出低电平 0，使触发器置 1，即 Q=1；引脚 3（u_o）是定时器的输出端，即基本 RS 触发器的 Q 端；引脚 4（$\overline{R}_D$）是复位端，需要置 0 时，从 4 端输入负脉冲，即 $\overline{R}_D$=0 时，Q=0；引脚 5（CO）是电压控制端，由此端可以外加电压以改变电压比较器的参考电压。不用时，应经过 0.01μF 的电容将该端接地，以防干扰的侵入；引脚 7（D）是放电端，从 MOS 管的漏极 D 引出。MOS 场效应管的状态受 $\overline{Q}$ 控制。$\overline{Q}$=1 时，$U_{GS} > U_{GS(th)}$，MOS 管导通，为外接电容元件提供放电通路；$\overline{Q}$=0 时，$U_{GS} < U_{GS(th)}$，MOS 管截止；引脚 8（U_{CC}）是电源端，电压可在 4.5～18V 范围内工作；引脚 1（GND）是接地端。

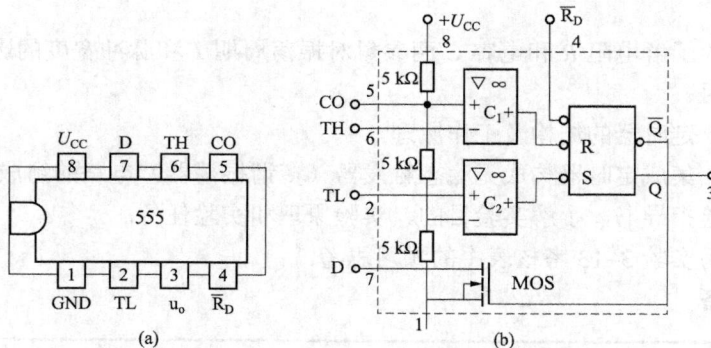

图 3–13–1　555 定时器的电路图和引脚排列图

表 3–13–1　　　　　　　　　　　　　　555 定时器逻辑功能表

U_6	U_2	R	S	Q	$\overline{Q}$	MOS 管
$> \frac{2}{3}U_{CC}$	$> \frac{1}{3}U_{CC}$	0	1	0	1	导通
$< \frac{2}{3}U_{CC}$	$< \frac{1}{3}U_{CC}$	1	0	1	0	截止
$< \frac{2}{3}U_{CC}$	$> \frac{1}{3}U_{CC}$	1	1	保持	保持	保持

2. 无稳态触发器（多谐振荡器）

无稳态触发器是在接通电源后，不需触发信号，就能产生矩形波输出。由于矩形波中含有丰富的谐波，故称多谐振荡器。图 3-13-2（a）是无稳态触发器的电路图，该电路不需要外来触发信号，接通电源后，即可输出方波。图 3-13-2（b）是无稳态触发器的波形图。该电路没有稳态，只有两个暂稳态。接通电源后，电路自动从一个暂稳态变换另一个暂稳态。第 1 个暂稳态的时间：$t_{W1}=0.7(R_1+R_2)C$，是电容元件 C 充电的时间，第 2 个暂稳状态即 C 放电的时间：$t_{W2}=0.7R_2C$，振荡周期 T 为 t_{W1} 与 t_{W2} 的和，即 $T=t_{W1}+t_{W2}=0.7(R_1+2R_2)C$。

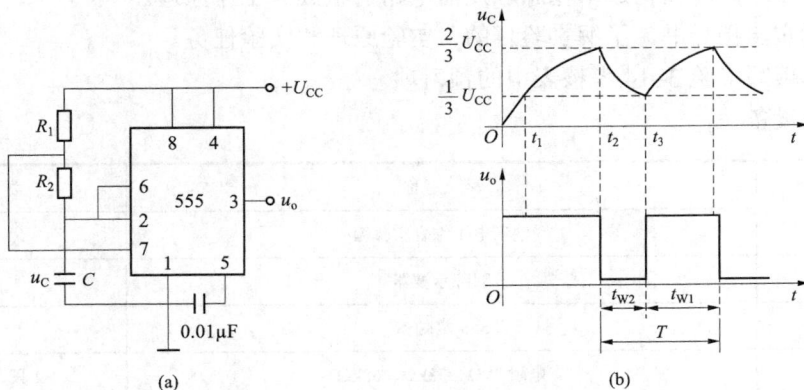

图 3-13-2 无稳态触发器

五、实验任务

1. 无稳态触发器（多谐振荡器）的波形测试

在数字实验箱中选好 555 集成定时器，3kΩ 电阻 R_1，68kΩ 电阻 R_2，0.1μF 电容 C，按图 3-13-2（a）电路接线，555 定时器电源 U_{CC} 接+5V，双踪示波器 CH$_1$ 接 0.1μF 电容 C 两端，CH$_2$ 接输出端 3。测量出第 1 个暂稳态的时间 t_{W1}、第 2 个暂稳态的时间 t_{W2} 和振荡周期 T，与理论计算值相比较分析产生误差原因，将 u_C 和 u_o 波形记入实验考核表 3-13 中。

2. 参数 R_1、R_2 和 C 对波形的影响

（1）将中图 3-13-2（a）电路中电阻 R_1 改接 68kΩ，电阻 R_2 改接 3kΩ，电容 C 改接 0.1μF，重复任务 1 中测试内容，注意观察第 1 个暂稳态的时间 t_{W1}、第 2 个暂稳态的时间 t_{W2} 和振荡周期 T 随各参数的变化情况。

（2）将中图 3-13-2（a）电路中电阻 R_1 改接 68kΩ，电阻 R_2 改接 33kΩ，电容 C 改接 1μF，重复任务 1 中测试内容，注意观察第 1 个暂稳态的时间 t_{W1}、第 2 个暂稳态的时间 t_{W2} 和振荡周期 T 各参数的变化情况。

六、实验报告

（1）叙述 555 集成定时器的应用实验目的、实验原理和实验任务（实验报告）。

（2）整理考核表中的实验数据，完成实验总结。

（3）装订实验报告与考核表并上交指导教师。

实验 3-14 555 集成定时器的应用（二）

一、实验目的

（1）了解 555 集成定时器电路组成和工作原理。

（2）练习搭建 555 集成定时器组成单稳态触发器，观测电容元件电压 u_C 和输出电压 u_o 的波形。

（3）通过实验了解电阻 R 和电容 C 两参数对单稳态触发器输出脉冲宽度的影响。

二、实验预习

（1）预习 555 定时器的结构及工作原理。

（2）了解 555 定时器构成单稳态触发器电路的组成和工作原理。

（3）阅读实验指导书，了解实验目的、实验原理和实验任务。

（4）认真填写实验 3–14 考核表中的预习项。

三、实验设备

序号	名　称	数　量
1	电工电子综合实验箱	1
2	双踪示波器	1
3	555 定时器	2
4	电阻 3kΩ、33kΩ、68kΩ	2 只、各 1 只
5	电容（0.1μF、1μF、2.2μF）	各 1 只
6	导线	若干

四、实验原理

555 集成定时器是用于取代机械式定时器的双极型中规模集成电路，因输入端有三个 5kΩ 电阻而得名，目前有双极型和 CMOS 两种，它们的结构和工作原理相似。555 定时器在工业控制、定时、检测和报警等方面有广泛应用。

1. 555 集成定时器的工作原理

图 3–14–1（a）是 555 定时器的电路图，555 定时器含有两个电压比较器 C_1 和 C_2、一个基本 RS 触发器、一个放电 MOS 管以及由 3 个 5kΩ 电阻组成的分压器。C_1 的参考电压为 $\frac{2}{3}U_{CC}$，加在同相输入端；C_2 的参考电压为 $\frac{1}{3}U_{CC}$，加在反相输入端。两者均在分压器上取得。555 定时器逻辑功能表见表 3–14–1，图 3–14–1（b）为 555 定时器引脚排列图。引脚 6（TH）是高电平触发端。当 6 端的输入电压小于 $\frac{2}{3}U_{CC}$ 时，C_1 输出高电平 1；大于 $\frac{2}{3}U_{CC}$ 时，C1 输出低电平 0，使触发器置 0。即 Q=0；引脚 2（TL）是低电平触发端。当 2 端的输入电压大于 $\frac{1}{3}U_{CC}$ 时，C_2 输出高电平 1；小于 $\frac{1}{3}U_{CC}$ 时，C_2 输出低电平 0，使触发器置 1，即 Q=1；引脚 3（u_o）是定时器的输出端，即基本 RS 触发器的 Q 端；引脚 4（$\overline{R}_D$）是复位端，需要置 0 时，从 4 端输入负脉冲，即 $\overline{R}_D=0$ 时，Q=0；引脚 5（CO）是电压控制端，由此端可以外加电压以改变电压比较器的参考电压。不用时，应经过 0.01μF 的电容将该端接地，以防干扰的侵入；引脚 7（D）是放电端，从 MOS 管的漏极 D 引出。MOS 场效应管的状态受 $\overline{Q}$ 控制。$\overline{Q}=1$ 时，$U_{GS}>U_{GS(th)}$，MOS 管导通，为外接电容元件提供放电通路；$\overline{Q}=0$ 时，

$U_{GS} < U_{GS(th)}$，MOS 管截止；引脚 8（U_{CC}）是电源端，电压可在 4.5～18V 范围内工作；引脚 1（GND）是接地端。

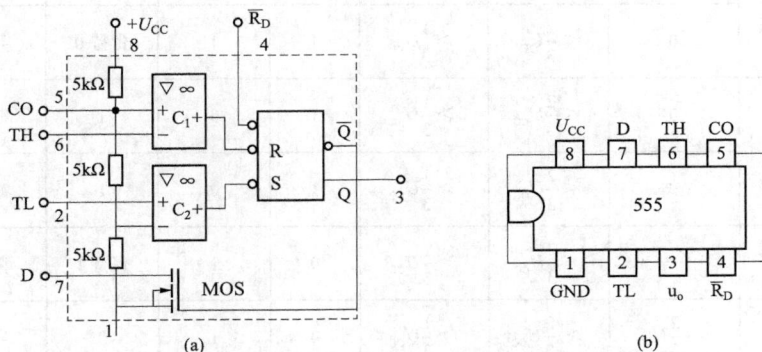

图 3–14–1   555 定时器的电路图和引脚排列图

表 3–14–1   **555 定时器逻辑功能表**

U_6	U_2	R	S	Q	$\overline{Q}$	MOS 管
$> \frac{2}{3} U_{CC}$	$> \frac{1}{3} U_{CC}$	0	1	0	1	导通
$< \frac{2}{3} U_{CC}$	$< \frac{1}{3} U_{CC}$	1	0	1	0	截止
$< \frac{2}{3} U_{CC}$	$> \frac{1}{3} U_{CC}$	1	1	保持	保持	

2. 单稳态触发器

单稳态触发器，在触发信号的作用下，由稳态翻转成暂稳状态，暂稳状态维持一定时间后，又会自动返回到稳态。其电路如图 3–14–2（a）所示，电阻 R 和电容 C 是外接元件，两者的连接点接至高电平触发端 6 和放电端 7，R 的另一端接电源 $+U_{DD}$，C 的另一端接地。外来触发信号 u_1 采用负脉冲，由低电平触发端 2 输入。输出信号从输出端 3 输出。单稳态触发器的功能见表 3–14–2，暂稳态持续的时间计算公式为 $t_W = \tau \ln 3 = 1.1RC$。

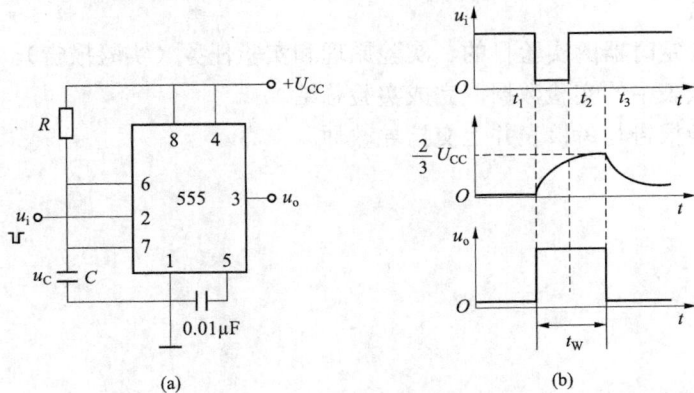

图 3–14–2   单稳态触发器

表 3–14–2   单稳态触发器逻辑功能表

时间	u_i	u_C	$u_6=u_C$	$u_2=u_1$	R	S	$u_C=Q$	mos	状态
$0 \sim t_1$	高电平	0	$<\frac{2}{3}U_{CC}$	$>\frac{1}{3}U_{CC}$	1	1	保持 0	导通	稳态
t_1	低电平	0	$<\frac{2}{3}U_{CC}$	$>\frac{1}{3}U_{CC}$	1	0	1	截止	跳变
$t_1 \sim t_2$	低电平	充电	$<\frac{2}{3}U_{CC}$	$>\frac{1}{3}U_{CC}$	1	0	1	截止	暂稳
$t_2 \sim t_3$	高电平	充电	$<\frac{2}{3}U_{CC}$	$>\frac{1}{3}U_{CC}$	0	1	保持 1	截止	暂稳
t_3	高电平	$>\frac{2}{3}U_{CC}$	$>\frac{2}{3}U_{CC}$	$>\frac{1}{3}U_{CC}$	0	1	0	导通	跳变
$> t_3$	高电平	放电	$<\frac{2}{3}U_{CC}$	$>\frac{1}{3}U_{CC}$	1	1	保持 0	导通	稳态

五、实验任务

1. 单稳态触发器波形测试

（1）在数字实验箱中选好 1 片 555 集成定时器，68kΩ 电阻 R_1，3kΩ 电阻 R_2，0.1μF 电容 C，按图 3–13–2（a）电路接线，双踪示渡器 CH$_1$ 接电路中 555 集成定时器输出端 3，打开电源，观测到的脉冲电压波形将作为单稳态触发器的输入电压 u_i。

（2）在数字实验箱中选出另 1 片 555 集成定时器，3kΩ 电阻 R，1μF 电容 C，按图 3–14–2 （a）电路接线，单稳态触发输入信号由（1）中多谐振荡器的输出端提供，用双踪示波器的 CH$_2$ 分别观测 u_C 和 u_o 波形，并记入实验考核表 3–14 中。

2. 参数 R 和 C 对单稳态触发器波形的影响

（1）将 1.（2）中电路电阻 R 改接 33kΩ，观察电容器的充、放电 u_C 波形和单稳输出 u_o 波形，将它们画在考核表中。注意此时单稳态输出脉冲宽度 T_W 是否等于 $1.1RC$。

（2）若单稳态触发器中，$R=3kΩ$、$C=2.2μF$ 从示波器观察 u_C 和 u_o 波形的变化，并将它们记入考核表中。注意此时单稳态输出脉冲宽度 T_W 是否等于 $1.1RC$。

六、实验报告

（1）叙述 555 定时器的实验目的、实验原理和实验任务（实验报告）。

（2）整理考核表中的实验数据，完成实验总结。

（3）装订实验报告与考核表并上交指导教师。

附　录

附录 A　万用表的使用方法

一、概述

本仪表系列：UT801 是 I999 计数 $3\frac{1}{2}$ 数位和 UT802 是 I9999 计数 $4\frac{1}{2}$ 数位、手动量程、便携台式、交直流供电二用数字万用表。具有大屏幕带背光的超大字符显示、全功能、全量程过载保护和独特的外观设计，并自带工具箱使之成为性能更为优越的电工测试仪表。本仪表可用于交直流电压、交直流电流、电阻、频率、电容、三极管、二极管和蜂鸣电路通断的测量。

二、直流/交流电压的测量

将功能开关置于直流/交流电压挡，选择合适量程，黑表笔插入 COM 插孔，红表笔插入 V/Ω插孔内。开机前应断开所有测量连接，检查表笔应插在测量功能确定的仪表输入插孔中并可靠接触。开启电源后观察 LCD 显示无低压指示符号。将测试表笔探针并联连接到被测电源或负载上，此时 LCD 显示数值即被测值，注意红表笔端接 "+" 黑表笔端接 "+"。

三、直流/交流电流的测量

将功能开关置于直流/交流电流挡。选择合适量程，黑表笔插入 COM 插孔，红表笔插入 mA/A 插孔内。开机前应断开所有测量连接，检查表笔应插在测量功能确定的仪表输入插孔中并可靠接触。开启电源后观察 LCD 显示无低压指示符号，将测试表笔探针串联连接到被测电流之路内，此时 LCD 显示数值即被测值，注意红表笔端为电流流入端（电流参考方向），黑表笔端为电流流出端（电流参考方向）。

四、电阻的测量

将功能开关置于电阻挡，选择合适量程，黑表笔插入 COM 插孔，红表笔插入 V/Ω插孔内。开机前应断开所有测量连接，检查表笔应插在测量功能确定的仪表输入插孔中并可靠接触。开启电源后观察 LCD 显示无低压指示符号，将测试表笔探针并联连接到电阻元件两端，此时 LCD 显示数值即被测值。测量 1MΩ 以上的电阻时，可能需要几秒钟后读数才会稳定。这对于高阻的测量属正常。为了获得稳定读数尽量选用短的测试线。在低阻测量时，表笔会带来约 0.1～0.2Ω 电阻的测量误差。为获得精确读数，应首先将表笔短路，记住短路显示值，在测量结果中减去表笔短路显示值，才能确保测量精度。

五、二极管的测量

按图示连接，将功能开关置于×10Ω 挡，仪表进入二极管测试状态，LCD 显示 "1"。当红表笔连接二极管正端，黑表笔接负端时，LCD 应显示被测二极管正向压降近似值，如 LCD 显示 "1."，说明被测二极管正向不导通（硅管正向压降约为 0.5～0.7V，锗管约为 0.2～0.3V）。测量前必须先将被测电路内所有电源关断，并将所有电容器放尽残余电荷，被测二极管二端电阻大于 100Ω，认为电路断路，被测二极管二端之间电阻小于或等于 10Ω，认为电路良好导通，蜂鸣器会连续声响，其读数为近似电路电阻值，单位是 Ω。

六、三极管、温度、电容测量

（1）为保证能够正确测量，请注意转换插头座的位置和方向，并按照转换插头座上标明的极性接入待测元件。

（2）用转换插头座测量贴片三极管或贴片电容时，可以将仪表直立以方便测量（测量完毕请务必将仪表平放，以免发生跌落等对仪表造成不必要的损坏）。

附录 B　VP-5220A 型示波器的使用方法

VP-5220A 型示波器既能够测量正弦交流电压的波形、峰峰值、周期和相位差，也能测量直流电压，仪器正面板如图 B-1 所示，示波器控制与调节开关有电源开关、电源指示灯、辉度/聚焦调节、基线调整、CH$_1$/CH$_2$ 输入、CH$_1$/CH$_2$ AC-GND-DC 开关、CH$_1$/CH$_2$V/DIV 衰减开关、CH$_1$/CH$_2$ 位移调整开关、垂直方式选择开关、AUTO-NORM-X-Y 开关、触发源选择开关、内触发源选择开关、触发耦合开关、CH$_1$/CH$_2$ 微调开关、VARIABLE 开关和校准端。

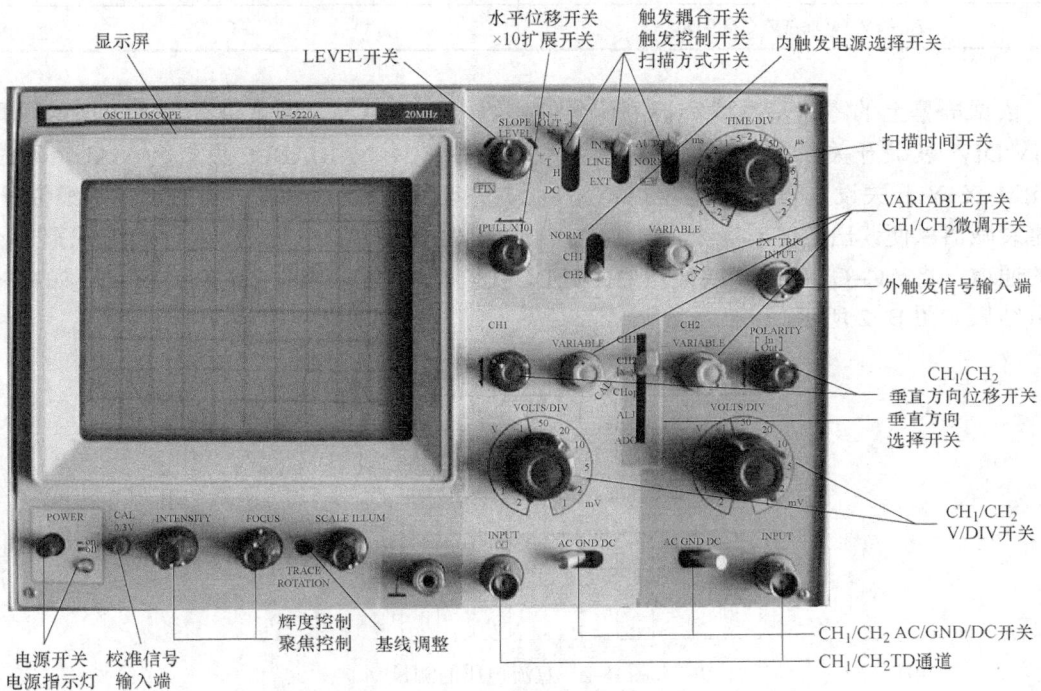

图 B-1　VP-5220A 型示波器正面板

一、直流电压的测量

按表 B-1 设置控制开关挡位。

表 B-1　　　　　　　　　　　　控 制 开 关 挡 位

POWER（电源）	ON（开）
INTENSITY（辉度）	Center（中心）
FOCUS（聚焦）	Center（中心）
AC-GND-DC	GND（地）
VOLT/DIV	2V
CH$_1$/CH$_2$ POSITION	Center
CH$_1$/CH$_2$ VARIABLE	顺时针旋到底（CALL）

垂直方向选择开关	CH$_1$
扫描时间	0.5ms
HPOSITION	Center（中心）
HRIABLE/VA	顺时针旋到底（CALL）
AUTO–NORM–X–Y	AUTO
INT–LINE–EXT	INT
NORM–CH$_1$–CH$_2$	NORM
AC–TV（V）–TV（H）–DC	AC

依据屏幕上的零伏基准线和被测信号的迹线之间的距离，即可进行直流电压的测量。CH$_1$V/DIV 衰减开关设置垂直偏转因数为 2V，CH$_1$/CH$_2$ VARIABLE 设置为 CAL，AUTO–NORM–X–Y 开关设置为 AUTO，AC–GND–DC 先设置为 GND（地），调整好零基线位置后，调整衰减器以便读出数值。将被测电压输入被选用的 CH$_1$ 或 CH$_2$ 通道，将垂直方式置于被选用的通道；将 AC–GND–DC 耦合开关打到 DC 处，读出扫描基线在垂直方向上偏移的格数，测量结果如图 B–2 所示。

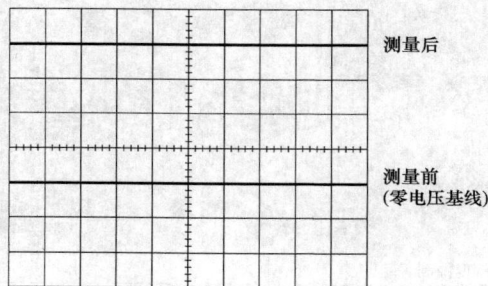

图 B–2　直流电压的测量

按下列公式计算被测直流电压值

$$U=垂直方向格数×垂直偏转因数×偏转方向（上为"+"，下为"-"）$$

图中测出扫描极限比原基线上移 4 格，垂直偏移因数 2DIV，$U=2×4×(+1)=+8V$

二、交流电压的测量

1. 峰–峰电压的测量

将信号输入至 CH$_1$ 或 CH$_2$ 通道，将垂直方式置于被选用的通道，按表设置控制开关挡位，调整 CH$_1$ 或 CH$_2$ 电压衰减使正弦电压波形被显示在 5 格左右观察波形，调整 CH$_1$ 或 CH$_2$ 垂直移位，使波形底部在屏幕中某一水平坐标上（见图 B–3 的 A 点），读出垂直方向 A、B 两点之间的格数。

按下面公式计算被测信号的峰–峰电压值（Vp–p）

$$Vp–p=垂直方向的格数×垂直偏转因数$$

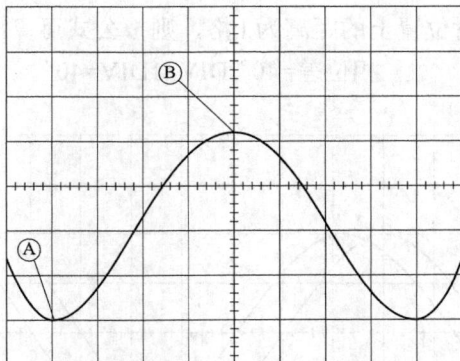

图 B-3　峰-峰电压的测量

测出 A、B 两点垂直格数为 4.1 格，用 10:1 探极的垂直偏转因数为 0.2V/DIV，则

$$V\text{p-p}=0.2\times10\times4.1\text{V}=8.2\text{V}$$

2. 周期和频率的测量

AC-GND-DC 先设置为 GND（地），调整好零基线位置后，调整衰减器以便读出数值。将被测电压输入被选用的 CH$_1$ 或 CH$_2$ 通道，将垂直方式置于被选用的通道，将 AC-GND-DC 耦合开关打到 AC 处，图 B-4 中为例测得的时间间隔即为该信号的周期 T，该信号的频率为 $1/T$，例如 $T=16\mu s$，即频率为

$$f=1/T=\frac{1}{16\times10^{-6}}\text{kHz}=62.5\text{kHz}$$

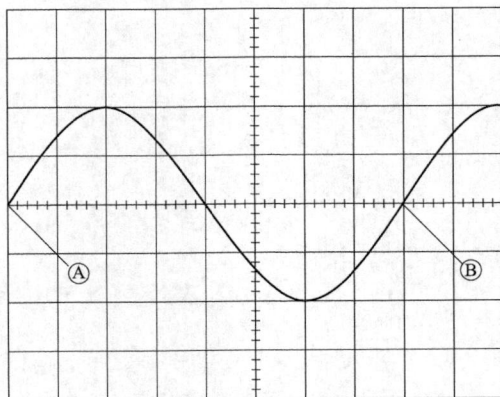

图 B-4　周期和频率的测量

3. 相位差的测量

将参考信号和一个待比较信号分别输入"CH$_1$"和"CH$_2$"输入通道，将垂直方式置于"ALT"，NORM-CH$_1$-CH$_2$ 开关设置为 CH$_1$ 或 CH$_2$，调整电压衰减使两个波形的显示幅度一致，调整扫速时间使波形的一个周期在屏幕上显示 9 格（图 B-5）。这样水平刻度线上 1DIV=40°（360°/9），测量两个波形相对位置上的水平距离（格），按下列公式计算出两个信号的相位差

$$相位差=水平距离（格）\times40°/格$$

图 B–5 中测得两个波形相对位置上的距离为1格，则按公式可算出
相位差=40°/DIV×1DIV=40°

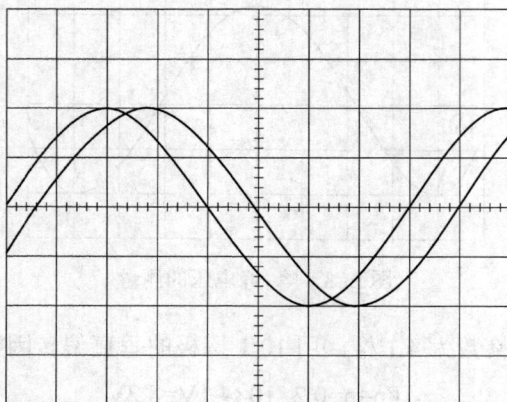

图 B–5　相位差的测量

附录 C　　DG1022 函数/任意波形发生器

　　DG1022 函数/任意波形发生器能够设置基本波形、任意波形、调制波形、扫描波形和脉冲串波形。仪器正面板如图 C–1 所示有波形选择键、模式/功能键（Mod、Storei recall、Sweep、Utility、Burst、Help）、菜单键、方向键及旋钮和数字键盘；还有电源开关键、Output 输出开关键、本地/视图切换键（View）；还有 CH$_1$ 输出端和 CH$_2$ 输出/频率计输入端、LCD 显示屏和 USB 接口。电源插座、开关、熔断器和调制波输入在仪器后面板。DG1022 提供 3 种界面显示模式，并可以通过前面板 View 键切换，如图 C–2（a）、（b）、（c）所示。

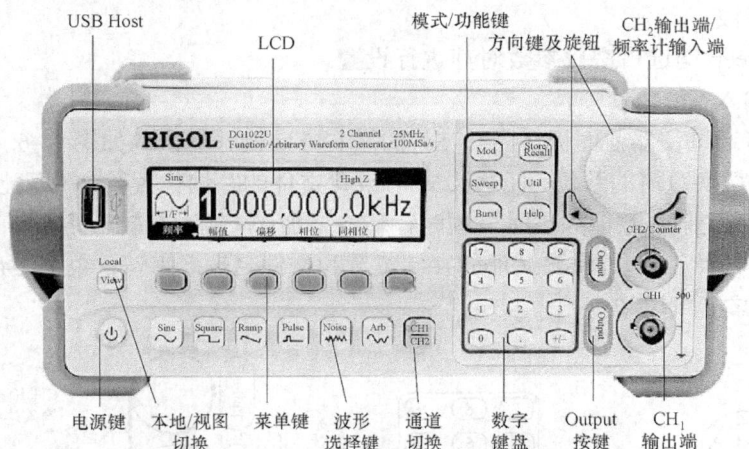

图 C–1　DG1022 函数/任意波形发生器前面板

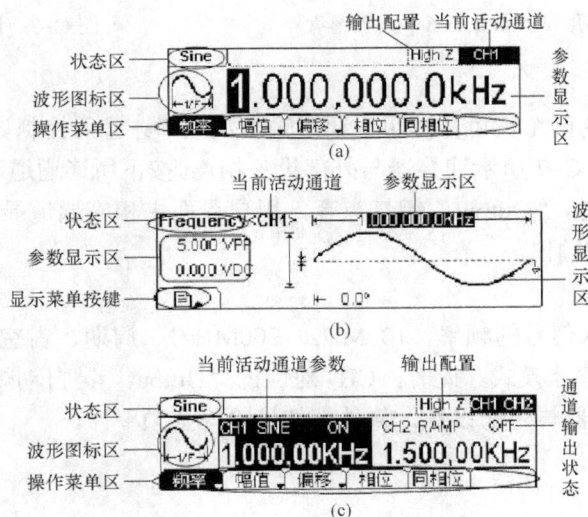

图 C–2　前面板 View 键切图

（a）单通道常规显示模式；（b）单通道图形显示模式；（c）双单通道常规显示模式

一、基本波形

仪器能够设置的基本波形有正弦波、方波、锯齿波、脉冲波和噪声波。按下前面板的波形选择键如图 C–3 所示。

例：按下键🔲选占空比参数对其进行设置如图 C–4 所示，设置方法见参数输入。

图 C–3　基本波形、任意波形选择键　　　　　　　图 C–4　参数设置界面

DG1022 的 CH$_1$ 在扫频模式下，在指定时间内输出扫频波形，能用于扫频的波形有正弦波、方波、锯齿波。

例按下 Sweep 键选占空比参数对其进行设置。

二、参数输入

参数输入可通过仪器前面板（图 C–5）的左右方向键、旋钮和如图 C–6 所示数字键盘完成。方向键用于切换数值的数位、任意波文件/设置文件的存储位置。旋钮既能改变数值大小。在 0～9 范围内改变某一数值大小时，顺时针转一格加 1，逆时针转一格减 1；也能用于切换内建波形种类、任意波文件/设置文件的存储位置和文件名输入字符；数字键盘能直接输入需要的数值来改变参数的大小。

图 C–5　方向键和旋钮　　　　图 C–6　数字键盘　　　　图 C–7　通道输出

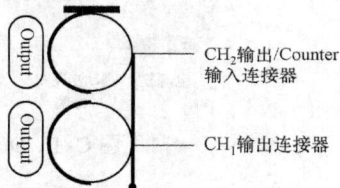

三、输出设置

仪器前面板右侧的两个黄色按键用于通道输出及频率计输入控制如图 C–7 所示，通道输出使用 BNC 电缆将图 C–7 所示连接器与外部设备相连。按下所连通道连接器左侧的"Output"键启动通道输出，此时，"Output"键灯点亮，用户界面中相应通道显示"ON"标志，再次按下"Output"键关闭输出。

四、频率计输入

频率计可测量输入信号的频率（100MHz，200MHz）、周期、占空比和正 / 负脉宽。按频率计 Utilty 进入频率计模式。此时，CH$_2$ 对应的"Output"键自动熄灭，通道输出关闭，使用 BNC 电缆连接仪器与外部设备，将外部信号输入至频率计。

附录 D　DF2173B 型晶体管毫伏表的使用方法

　　DF2173B 型晶体管毫伏表如图 D–1 所示。DF2173B 型晶体管毫伏表轻盈小巧，使用方便，具有测量精度高、频率特性好和测量范围广等特点。

一、面板操作键使用说明（对应附图 D–1）

图 D–1　DF2173B 型晶体管毫伏表

1—电源（POWER）开关，将电源开关按键弹出即为"关"位置，将电源线接入，按电源开关，以接通电源。

2—显示窗口，表头指示输入信号的幅度，指针指示输入信号的有效值。

3—零点调节，开机前，如表头指针不在机械零点处，请用小一字起将其调至零点。

4—量程旋钮，开机前，应将量程旋钮调至最大量程处，然后，当输入信号送至输入端后，调节量程旋钮，使表头指针指示在表头的适当位置。

5—输入（INPUT）端口，输入信号由此端口输入。

6、7—监视输出正负端。

二、基本操作方法

　　将电源线插入后面板上的交流插孔，打开电源。将输入信号由输入端口（INPUT）送入交流毫伏表，调节量程旋钮，使表头指针位置在大于或等于满度的 1/3 处。将交流信号输入交流毫伏表的输入端，指针指示交流信号的有效值。

三、使用注意事项

　　（1）避免过冷和过热，不可将交流毫伏表长期暴露在日光下，或靠近热源的地方，如火炉。

　　（2）不可在寒冷天气时放在室外使用，仪器 T 作温度应是 0～40℃。

　　（3）避免炎热与寒冷环境的交替。不可将交流毫伏表从炎热的环境中突然转到寒冷的环境或相反进行，这将导致仪器内部形成凝结。

　　（4）避免湿度、水分和灰尘，如果将交流毫伏表放在湿度大或灰尘多的地方，可能导致仪器操作出现故障，最佳使用相对湿度范围是 35%～90%。

（5）不可将物体放置在交流毫伏表上，注意不要堵塞仪器通风孔。

（6）仪器不可遭到强烈的撞击。

（7）避免长期倒置存放和运输。如果仪器不能正常工作，重新检查操作步骤，如果仪器确已出现故障，请与您最近的销售服务处联系以便修理。

（8）不可将磁铁靠近表头。

（9）使用之前检查表针是否指在机械零点，如有偏差，请将其调至机械零点；检查量程旋钮是否指在最大量程处，如有偏差，请将其调至最大量程处；如果熔断器熔断，仔细检查原因，换上正确型号的熔断器。

附录 E　SG1731SL3A 型直流稳压电源的使用方法

SG1731SL3A 型直流稳压电源（图 E-1）具有二路可调输出电源具有稳压与稳流自动转换功能，二路可调电源间又可任意串联或并联，在串联或并联的同时又可由一路主电源进行电压或电流（并联时）跟踪。串联时最小输出电压可达两路电压额定值之和，并联时最大输出电流可达两路电流额定值之和，二组 LED 分别显示二组电源的输出电压、电流值。其电路由调整管功率损耗电路、运算放大器和带有温度补偿的基准稳压器等组成。二组可调电源均具有可靠的过载保护功能，输出过载或短路都不会损坏电源。本电源具有体积小，性能好，款式新颖等特点，是科研、院校、工厂及电子、电器修理等单位的首选使用电源。

一、面板各元件的作用（面板各元件编号如图 E-1 所示）

二、使用说明

1. 双路可调电源独立使用

（1）将 13 和 14 开关分别置于弹起位置。

（2）可调电源作为稳压源使用时，首先应将稳流调节旋钮 6 和 20 顺时针调节到最大，然后打开电源开关 7，并调节电压调节旋钮 5 和 21 使从路和主路输出直流电压至需要的电压值，此时稳压状态指示灯 9 和 19 发光。

（3）可调电源作为稳流源使用时，在打开电源开关 7 后，先将稳压调节旋钮 5 和 21 顺时针调节到最大同时将稳流调节旋钮 6 和 20 反时针调节到最小，然后接上所需负载，再顺时针调节稳流调节旋钮 6 和 20 使输出电流至所需要的稳定电流值。此时稳压状态指示灯 9 和 19 熄灭，稳流状态指示灯 8 和 18 发光。

（4）在作为稳压源使用时稳流电流调节旋钮 6 和 20 一般应该调至最大，但是本电源也可以任意设定限流保护点。设定办法为：打开电源，反时针将稳流调节旋钮 6 和 20 调到最小，然后短接输出正、负端子，并顺时针调节稳流调节旋钮 6 和 20 使输出电流等于所要求的限流保护点的电流值，此时限流保护点就被设定好了。

2. 双路可调电源串联使用

（1）将 13 开关按下，14 开关置于弹起位置，此时调节主电源电压调节旋钮 21，从路的输出电压严格跟踪主路输出电压，使输出电压最高可达两路电流的额定值之和（即端子 10 和 17 之间的电压）。

（2）在两路电源串联以前应先检查主路和从路电源的负端是否有连接片与接地端相连，如有则应将其断开，不然在两路电源串联时将造成从路电源的短路。

（3）在两路电源处于串联状态时，两路的输出电压由主路控制，但是两路的电流调节仍然是独立的。因此在两路串联时应注意 6 电流调节旋钮的位置。如旋钮 6 在逆时针到底的位置或从路输出电流超过限流保护点，此时从路的输出电压将不再跟踪主路的输出电压。所以一般两路电源串联时应将旋钮 6 顺时针旋到最大。

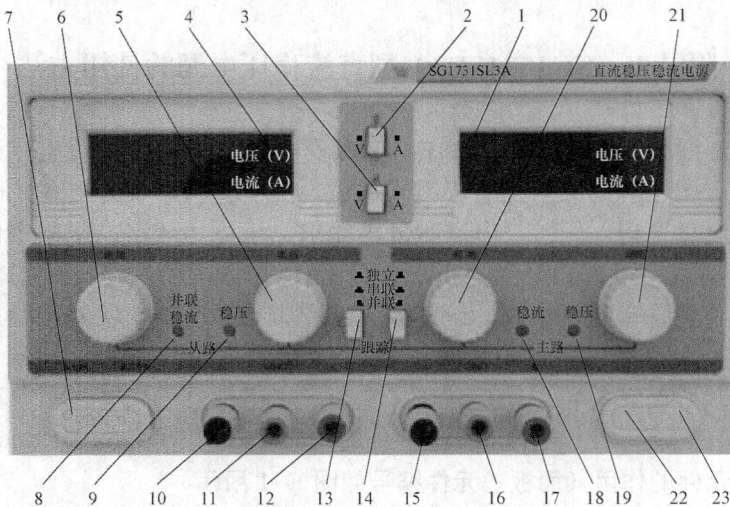

图 E-1 SG1731SL3A 型直流稳压稳流电源面板

1—右电表，指示主路输出电压、电流值。

2—主路输出指示选择开关，选择主路的输出电压或电流值。

3—从路输出指示选择开关，选择从路的输出电压或电流值。

4—左电表，指示从路输出电压、电流值。

5—从路稳压输出电压调节旋钮，调节从路输出电压值。

6—从路稳流输出电流调节旋钮，调节从路输出电压值（即限流保护点调节）。

7—电源开关，当此电源开关被置于"ON"时（即开关被揿下时），机器处于"开"状态，此时稳压指示灯亮或稳流指示灯亮。反之，机器处于"关"状态（即开关弹起时）。

8—从路稳流状态或二路电源并联状态指示灯，当从路电源处于稳流工作状态时或二路电源处于并联状态时，此指示灯亮。

9—从路稳压状态指示灯，当从路电源处于稳压工作状态时，此指示灯亮。

10—从路直流输出负接线柱，输出电压的负极，接负载负端。

11—机壳接地端，机壳接大地。

12—从路直流输出正接线柱，输出电压的正极，接负载正端。

13—二路电源独立、串联、并联控制开关。

14—二路电源独立、串联、并联控制开关。

15—主路直流输出负载接线柱，输出电压的负极，接负载负端。

16—机壳接地端，机壳接大地。

17—主路直流输出正接线柱，输出电压的正极，接负载正端。

18—主路稳流状态指示灯，当主路电源处于稳流工作状态时，此指示灯亮。

19—主路稳压状态指示灯，当主路电源处于稳压工作状态时，此指示灯亮。

20—主路稳流输出电流调节旋钮，调节主路输出电流值（即限流保护点调节）。

21—主路稳压输出电压调节旋钮，调节主路输出电压值。

22—固定输出正接线柱，输出电压的正极，接负载正端。

23—固定输出负接线柱，输出电压的负极，接负载负端。

（4）在两路电源串联时，如有功率输出则应用与输出功率相对应的导线将主路的负端和从路的正端可靠短线。因为机器是通过一个开关短接的，所以当有功率输出时短接开关将通过输出电流。长此下去将无助于提高整机的可靠性。

3. 双路可调电源并联使用

（1）将开关 13 按下，开关 14 也按下，此时两路电源并联，调节主电源电压调节旋钮 21，两路输出电压一样。同时从路稳流指示灯 8 发光。

（2）在两路电源处于并联状态时，从路电源的稳流调节旋钮 6 不起作用。当电源做稳流源使用时，只需调节主路的稳流调节旋钮 20，此时主、从路的输出电流均受其控制并相同，其输出电流最大可达二路输出电流之和。

（3）在两路电源并联时，如有功率输出则应用输出功率相对应的导线分别将主、从电源的正端和正端、负端和负端可靠短接，以使负载可靠的接在两路输出的输出端子上。不然，如将负载只接在一路电源的输出端子上，将有可能造成两路电源输出电流的不平衡，同时也有可能造成串联开关的损坏。

4. 注意事项

（1）本电源设有完善的保护功能，两路可调电源具有限流保护功能，由于电路中设置了调整管功率损耗控制电路，因此当输出发生短路现象时，此时大功率调整管上的功率损耗并不是很大，完全不会对本电源造成任何损坏。但是短路时本电源仍有功率损耗，为了减少不必要的机器老化和能源消耗，所以应尽早发现并关掉电源，将故障排除。

（2）使用完毕后，请放在干燥通风的地方，并保持清洁，若长期不使用应将电源插头拔下后再存放。

（3）对稳定电源进行维修时，必须将输入电源断开。

附录 F TPE-EEZH 电工电子综合实验箱

电工电子综合实验箱适用于完成非电专业本科电工学课程所要求的基本实验，该实验平台采用独特的两用版工艺，正面贴膜，印有原理图和符号，反面印制导线焊接元件，并装配了塑料透明壳，这种工艺既可以让学习者直观地看到各种元器件，又可以保护电路，防止实验用元件的损坏和丢失。该实验箱配备有电阻、电容、电感元件和多种实验模块，能完成电工电子 22 个基本型、设计型和创新型实验，根据实验项目选择不同的实验模块，如图 F-1 所示电路模块能完成晶体管放大电路的实验，比如固定偏置放大电路、分压偏置放大电路和多级放大电路。

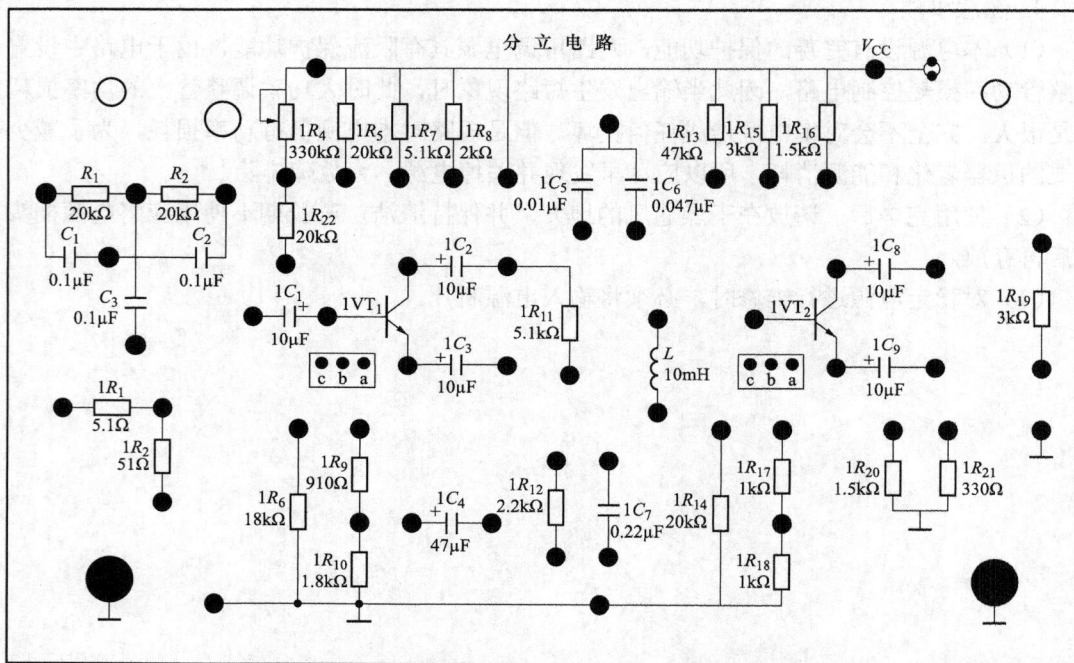

图 F-1 晶体管分立电路模块

如图 F-2 所示电路模块能完成整流、滤波和稳压实验。

如图 F-3 所示电路模块能完成集成运算放大器的基本运算电路和电压比较器电路的测量实验。

如图 F-4 所示电路模是完成数字电路实验的 IC 插座板，安装好数字电路集成芯片后可以完成集成与非门电路及其应用、集成异或门电路及其应用、编码、译码及其应用、寄存器、计数器电路及其应用、计数、译码、显示电路和 555 集成定时器的应用实验。

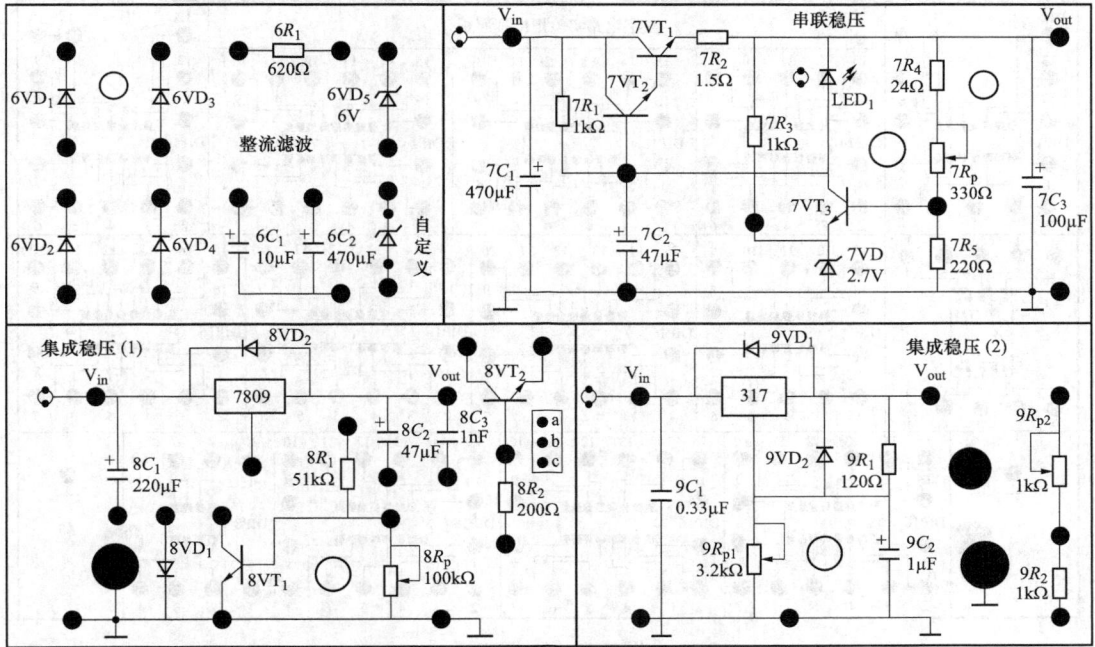

图 F-2 整流、滤波和稳压电路模块

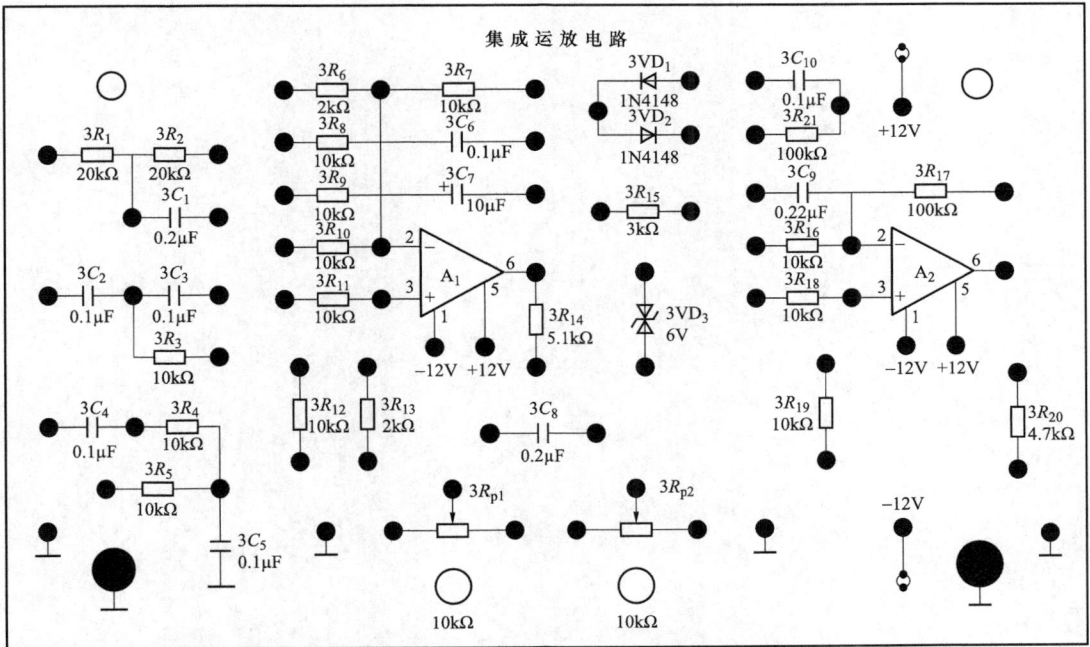

图 F-3 集成运放电路模块

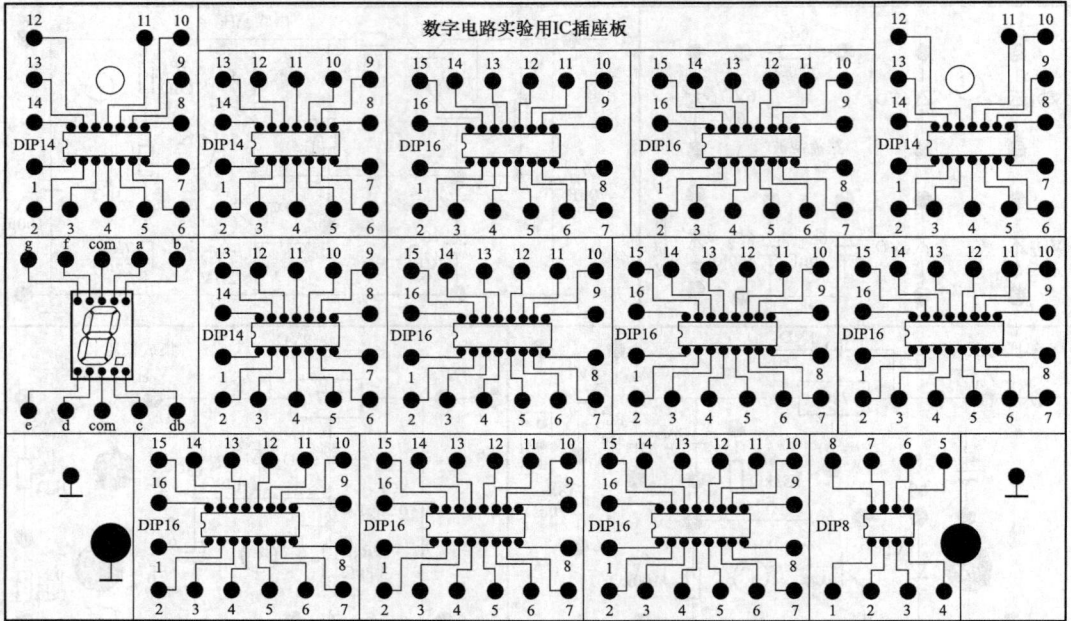

图 F–4　IC 插座板

参 考 文 献

[1] 秦增煌. 电工学（上、下册）[M]. 7版. 北京：高等教育出版社，2009.

[2] 高艳萍. 电工电子实验指导 [M]. 北京：中国电力出版社，2017.

[3] 丛吉远，等. 电工学实验 [M]. 大连：大连海事大学出版社，2006.

[4] 王和平. 电工与电子技术实验 [M]. 3版. 北京：机械工业出版社，2010.

[5] 王英，等. 电工技术实验 [M]. 2版. 成都. 西南交通大学出版社，2010.

[6] 姜学勤，等. 电工学实验 [M]. 北京. 化学工业出版社，2010.

[7] 雷勇. 电工学实验 [M]. 北京. 高等教育出版社，2009.

[8] 熊海涛，等. 电工电子实验及实训指导 [M]. 北京：人民邮电出版社，2008.

[9] 徐云，等. 电路实验与测量 [M]. 北京：清华大学出版社，2008.

[10] 唐介. 电工学（少学时）[M]. 3版. 北京：高等教育出版社，2009.

电工学实验指导
实验考核

主编　高艳萍

中国电力出版社

姓名：　　　　　　班级：　　　　　　　学号：　　　　　　　　　年　月　日

实验 2–1　　直流网络定理的验证

<table>
<tr><td rowspan="10">预习思考</td><td colspan="9">1. 计算图 2–1–1 所示电路中的电流 I_1、I_2、I_3。</td></tr>
</table>

实验 2–1　　直流网络定理的验证

1. 计算图 2–1–1 所示电路中的电流 I_1、I_2、I_3。

2. 计算图 2–1–4 所示电路 A、B 两节点间的开路电压 U_{OC} 和短路电流 I_{SC}。

3. 使用万用表测量电流时应当将电流表（　　　）接入电路中？测量电流、电压和电阻时操作上注意哪些问题？若将电流表错当成电压表来用，可能产生什么后果？

实验结果	基尔霍夫定律	物理量	E_1/V	E_2/V	U_{R1}/V	U_{R2}/V	U_{R3}/V	I_1/mA	I_2/mA	I_3/mA
		计算值								
		测量值								
		误差								
	叠加定理	物理量	I_1/mA			I_2/mA			I_3/mA	
		E_1、E_2 共同作用								
		E_1 单独作用								
		E_2 单独作用								
		电流代数和								
		误差								

续表

实验结果	戴维南定理	物理量	U_{OC}/V	R_O/Ω	I_3/mA
		测量值			
		计算值			
		误差			
	诺顿定理	物理量	I_{SC}/mA	R_O/Ω	I_3/mA
		测量值			
		计算值			
		误差			

实 验 总 结

1. 比较测量值与计算值，分析总结误差产生的原因。

2. 根据测量数据，选择一个节点、一个回路、一条支路验证基尔霍夫定律、叠加定理的正确性。

3. 根据测量的开路电压 U_{OC} 和短路电流 I_{SC} 计算电流 I_3，验证戴维南定理和诺顿定理。

成绩	优	良	中	及格	不及格	指导教师签字：
	优	良	中	及格	不及格	
	优	良	中	及格	不及格	

姓名:　　　　　班级:　　　　　学号:　　　　　　　年　月　日

实验 2–2　*RLC* 串联谐振

<table>
<tr>
<td rowspan="4">预习思考</td>
<td colspan="4">　1. 图 2–2–1 所示电路 $R=51\Omega$、$C=0.25\mu F$、$L=10mH$,忽略线圈电阻的情况下,计算电路的谐振频率 f_0 和品质因数 Q。

　2. Q 是反映谐振电路性质的一个重要指标,Q 值大小与哪些参数有关,电阻 R 增加或减小 Q 值将怎么变化?

　3. 在理想情况下串联谐振时,$X_L=X_C$,输入端电压 $U_i=U_R$,所谓的理想情况指的是什么?

</td>
</tr>
</table>

<table>
<tr>
<td rowspan="11">实验结果</td>
<td rowspan="2">谐振电压</td>
<td colspan="2" style="text-align:center">U_R</td>
<td colspan="2" style="text-align:center">U_L</td>
<td style="text-align:center">U_C</td>
</tr>
<tr>
<td colspan="2"></td>
<td colspan="2"></td>
<td></td>
</tr>
<tr>
<td rowspan="9">电流频率特性测试</td>
<td rowspan="2">频率 f/Hz</td>
<td colspan="2" style="text-align:center">U_R/V</td>
<td colspan="2" style="text-align:center">$I=\dfrac{U_R}{R}$/mA</td>
</tr>
<tr>
<td style="text-align:center">$R=51\Omega$</td>
<td style="text-align:center">$R=10\Omega$</td>
<td style="text-align:center">$R=51\Omega$</td>
<td style="text-align:center">$R=10\Omega$</td>
</tr>
<tr><td></td><td></td><td></td><td></td><td></td></tr>
<tr><td></td><td></td><td></td><td></td><td></td></tr>
<tr><td></td><td></td><td></td><td></td><td></td></tr>
<tr><td style="text-align:center">f_0</td><td></td><td></td><td></td><td></td></tr>
<tr><td></td><td></td><td></td><td></td><td></td></tr>
<tr><td></td><td></td><td></td><td></td><td></td></tr>
<tr><td></td><td></td><td></td><td></td><td></td></tr>
</table>

实 验 曲 线	电流 频率 特性 曲线	$I=U_R/R$ (mA) 　　　　　　　　　　　　　　　　　　　　　f/Hz

实　验　总　结

1. 总结分析 *RLC* 串联电路的谐振状态的特点。

2. 总结分析 *RLC* 串联交流电路的电流频率特性。

预习	优　　　良　　　中　　　及格　　　不及格	指导教师：
实验	优　　　良　　　中　　　及格　　　不及格	
总成绩	优　　　良　　　中　　　及格　　　不及格	

姓名：　　　　　　班级：　　　　　　学号：　　　　　　　年　月　日

实验 2–3　电阻、电容移相电路

<table>
<tr><td rowspan="4">实
验
结
果</td><td rowspan="2">预习
思考</td><td colspan="5">1. 阻容移相的含意是什么？

2. 电阻或电容做输出元件时移相角计算公式相同吗？为什么？</td></tr>
</table>

实 验 结 果	φ 随 电阻 变化		$U_o=U_R$、$f=1000$Hz、$U_i=2$V 保持不变，改变电阻 R 的值			
			R	U_o	U_C	输出相量 $\dot{U}_o$ 末端的轨迹
		电阻 输出	51Ω			
			220Ω			
			330Ω			
			510Ω			
			10kΩ			
			$U_o=U_C$、$f=1000$Hz、$U_i=2$V 保持不变，改变电阻 R 的值			
			R	U_o	U_R	输出相量 $\dot{U}_o$ 末端的轨迹
		电容 输出	51Ω			
			220Ω			
			330Ω			
			510Ω			
			10kΩ			

实验结果	φ随频率变化	$U_{\mathrm{o}}=U_{\mathrm{R}}$ 保持 $U_{\mathrm{i}}=2\mathrm{V}$、$R=510\Omega$、$C=0.25\mu\mathrm{F}$ 不变,改变频率 f			
		f	U_{R}	U_{C}	输出相量 $\dot{U}_{\mathrm{o}}$ 末端的轨迹
		1kHz			
		2kHz			
		3kHz			
		4kHz			
		5kHz			

实 验 总 结

1. 总结电阻做输出端时移相角 φ 随电阻变化的情况。

2. 总结电容做输出端时移相角 φ 随电阻变化的情况。

3. 总结电阻做输出端时移相角 φ 随频率变化的情况。

预习	优　　　良　　　中　　　及格　　　不及格	指导教师:
实验	优　　　良　　　中　　　及格　　　不及格	
总成绩	优　　　良　　　中　　　及格　　　不及格	

姓名：　　　　　　班级：　　　　　　学号：　　　　　　年　月　日

实验 2-4　荧光灯电路及功率因数的提高

预习内容	1. 荧光灯电路由哪些元件组成？ 2. 如何提高荧光灯电路的功率因数？

实验结果		测　量　数　据				
	未并联电容	U/V	U_R/V	U_L/V	I/A	相量关系（$\dot{U}$、$\dot{U}_R$、$\dot{U}_L$）
		I_{RL}/A	P/W	$\cos\varphi$	φ	⟶ i
	并联电容	$C=1\mu F$	U/V	U_R/V	U_L/V	I/A	I_{RL}/A
			I_C/A	P/W	$\cos\varphi$	φ	
		$C=2.2\mu F$	U/V	U_R/V	U_L/V	I/A	I_{RL}/A
			I_C/A	P/W	$\cos\varphi$	φ	
		$C=4.7\mu F$	U/V	U_R/V	U_L/V	I/A	I_{RL}/A
			I_C/A	P/W	$\cos\varphi$	φ	

实验结果	电流相量关系	相量关系（$\dot{I}$、$\dot{I}_C$、$\dot{I}_{RL}$）
		————————————→ $\dot{U}$

实 验 总 结

1. 总结实验中遇到的问题及其解决方法。

2. 总结分析 $\dot{U}$、$\dot{U}_R$、$\dot{U}_L$、$\dot{I}$、$\dot{I}_C$、$\dot{I}_{RL}$ 之间的关系。

3. 分析实验数据的变化规律，总结提高感性负载功率因数的方法。

预习	优	良	中	及格	不及格	指导教师：
实验	优	良	中	及格	不及格	
总成绩	优	良	中	及格	不及格	

姓名：　　　　　　班级：　　　　　　学号：　　　　　　年　月　日

实验 2–5　三相交流电路			
预习内容	1. 三相交流电源有哪几种连接方式？各连接方式线电压和相电压的关系如何？ 2. 三相负载 Y 联结时何时采用三相三线制供电，何时采用三相四线制供电？中性线具有什么作用？		

实验结果	线电压	U_{12}/V	U_{23}/V	U_{31}/V
	星形联结	电压/电流	对称负载	不对称负载
	有中性线	U_1/V		
		U_2/V		
		U_3/V		
		I_1/A		
		I_2/A		
		I_3/A		
		I_N/A		
	无中性线	U_1/V		
		U_2/V		
		U_3/V		
		I_1/A		
		I_2/A		
		I_3/A		

实验结果	三角形联结	线电压	U_{12}/V		U_{23}/V		U_{31}/V	
		线电流 /A			相电流 /A			
		I_{L1}	I_{L2}	I_{L3}	I_{12}	I_{23}	I_{31}	

实 验 总 结

1. 通过测量三相电压源电压，总结实验室是否为理想对称电压源。

2. 分析中性线在三相交流电路中的作用，总结 Y 联结负载的哪种情况可以采用三相三线制电路供电。

3. 写出三相对称负载三角形联结时，线电流相量与相电流相量之间关系式。

预习	优	良	中	及格	不及格	指导教师:
实验	优	良	中	及格	不及格	
总成绩	优	良	中	及格	不及格	

姓名：　　　　　　班级：　　　　　　　学号：　　　　　　　年　月　日

	实验 2–6　三相异步交流电动机的直接起动控制	
预习检测	1. 三相异步交流电动机直接起动的条件是什么？ 2. 自锁的作用是什么？ 3. 两地控制电动机起停时，起动按钮和停止按钮该如何连接？	
三相异步电动机点动两地控制	控制线路图设计	控制电器名称、文字符号和作用

控制线路图设计	控制电器名称、文字符号和作用

电动机自锁正转起动两地控制

实 验 总 结

1. 通过实验总结零压保护是怎样实现的。

2. 总结"自锁"触点怎样连接在电路中，具有什么作用。

3. 热继电器能起短路保护作用吗？

预习	优	良	中	及格	不及格	指导教师：
实验	优	良	中	及格	不及格	
总成绩	优	良	中	及格	不及格	

姓名：　　　　　　班级：　　　　　　　学号：　　　　　　　　年　月　日

实验 2-7　三相异步交流电动机的正反转控制	
预习内容	1. 叙述三相异步交流电动机正反转的原理。 2. 什么叫电气联锁？电气联锁触点怎样连接在电路中？ 3. 什么叫机械联锁？机械联锁触点怎样连接在电路中？
三相异步交流电动机双重联锁正反转控制	<table><tr><td>控制线路图设计</td><td>控制电器名称文字符号和作用</td></tr><tr><td></td><td></td></tr></table>

实　验　总　结

1. 总结电气联锁控制的作用和缺点。

2. 总结采用什么措施克服电动机正反转控制电气联锁控制的缺点。

3. 主电路中必须连接三个热继电器发热元件吗？为什么？

4. 实验中电源的线电压为什么用 220V？

预习	优	良	中	及格	不及格	指导教师：
实验	优	良	中	及格	不及格	
总成绩	优	良	中	及格	不及格	

姓名： 班级： 学号： 年 月 日

实验 2–8　三相异步交流电动机 Y–△换接降压起动控制

预习内容	1. 画出时间继电器的图形符号。 2. 实现三相异步交流电动机 Y–△换接降压起动的电器元件有哪些？描述其作用。

	控制线路	定子绕组、控制电器
电动机 Y—△换接降压起动控制	主电路： 控制电路	定子绕组 Y 联结： 定子绕组△联结： 控制电器名称、符号作用：

实　验　总　结

1. 电动机定子绕组△联结时每相绕组的相电压是 Y 联结时每相绕组的相电压的多少倍？简述 Y–△换接降压起动的原理。

2. 电动机定子绕组△联结时的起动转矩是 Y 联结时的多少倍？Y–△换接降压起动是否适于空载起动？

3. 在实验中遇到哪些实际问题？如何解决？

预习	优	良	中	及格	不及格	指导教师：
实验	优	良	中	及格	不及格	
总成绩	优	良	中	及格	不及格	

姓名：　　　　　　班级：　　　　　　　学号：　　　　　　　年　月　日

实验 3–1　模拟信号的测量				

预习内容

1. 使用信号发生器、交流毫伏表和示波器时，为什么要共地连接？

2. 写出示波器测量正弦波信号相位差的步骤。

3. 写出正弦交流电压的有效值与幅值关系的计算公式。

实验结果

	周期 T/s	频率 f/Hz	有效值 U_1/V	1kHz 正弦波 u_1 波形
正弦交流信号周期、频率、波形和有效值				

	相位差 φ		同频正弦信号波形
同频率正弦波信号相位差 φ 的测量			

实 验 总 结

1. 使用示波器观察波形时，为达到下列要求，应调节哪些旋钮？

（1）波形清晰且亮度适中。

（2）波形在荧光屏中央，且大小适中。

（3）波形稳定。

2. 总结交流毫伏表使用过程中应注意的问题。

3. 列举实验中遇到的问题及其解决方法。

预习	优	良	中	及格	不及格	指导教师：
实验	优	良	中	及格	不及格	
总成绩	优	良	中	及格	不及格	

姓名: 班级: 学号: 年 月 日

实验 3-2 分压式偏置放大电路的测量

<table>
<tr>
<td rowspan="3">预习检测</td>
<td colspan="5">1. 测量静态工作点时需要测量哪些参数，如何计算？</td>
</tr>
<tr>
<td colspan="5">2. 写出放大电路的电压放大倍数计算公式，负载对电压放大倍数有影响吗？</td>
</tr>
<tr>
<td colspan="5">3. 什么是饱和失真？什么是截止失真？</td>
</tr>
<tr>
<td rowspan="8">实验结果</td>
<td rowspan="8">静态测量/V</td>
<td>R_W/Ω</td>
<td>某值</td>
<td colspan="2" align="center">增大（顺时针）</td>
<td colspan="2" align="center">减小（逆时针）</td>
</tr>
</table>

实际表格结构如下：

实验结果	静态测量/V	R_W/Ω	某值	增大（顺时针）		减小（逆时针）	
				变化（↑或↓）	失真值	变化（↑或↓）	失真值
		U_{RC}	5.1				
		V_B					
		V_C					
		U_{BE}					
		U_{CE}					
	Q点对放大信号的影响	电压输出失真波形					
		失真类型					

续表

实验结果	放大电路动态测量	空载			有载 5.1kΩ		
		输入电压 u_i 波形图			输入电压 u_i 波形图		
		输出电压 u_o 波形图			输出电压 u_o 波形图		
		U_i/V	U_o/V	A_o	U_i/V	U_o/V	A_u

实 验 总 结

1. 当电阻 R_w 增加时静态工作点 Q 有何变化？当电阻 R_w 减小时静态工作点 Q 又有何变化？要获得正常的正弦波放大信号，静态工作点 Q 应设计在什么位置？

2. 电压放大倍数与哪些参数有关？提高电压放大倍数的措施有哪些？

预习	优	良	中	及格	不及格	教师签名：
实验	优	良	中	及格	不及格	
总成绩	优	良	中	及格	不及格	

姓名：   班级：   学号：   年   月   日

实验 3–3 整流、滤波与稳压电路

预习内容	1. 写出桥式整流电路输出电压平均值和平均电流的计算公式。 2. 写出电容滤波桥式整流电路输出电压平均值的计算公式。 3. 回答稳压二极管稳压电路中电阻 R 的作用。 4. 集成稳压器 CW7805 的输出电压是多少伏？

实验结果	单相桥式整流电路	输入电压 u_i（u_{ab}）的波形	输出电压 u_o 的波形
		输入电压 U_i/V	输出电压 U_o/V
	电容滤波电路	输入电压 u_i 的波形	输出电压 u_o 的波形
		输入电压 U_i/V	输出电压 U_o/V

续表

实验结果	稳压二极管稳压电路	负载 R_L＝1kΩ 输出电压 u_o 的波形		负载 R_L＝2kΩ 输出电压 u_o 的波形	
		输出电压 U_o/V		输出电压 U_o/V	
	集成稳压器稳压电路	负载 R_L＝1kΩ 输出电压 u_o 的波形		负载 R_L＝2kΩ 输出电压 u_o 的波形	
		输出电压 U_o/V		输出电压 U_o/V	

实　验　总　结

1. 总结输出电压测量数据与理论计算值误差，分析误差产生的原因。

2. 滤波电路中电容元件的电容值对输出电压有什么影响？

预习	优	良	中	及格	不及格	教师签名：
实验	优	良	中	及格	不及格	
总成绩	优	良	中	及格	不及格	

姓名：　　　　　　班级：　　　　　　　学号：　　　　　　　　　　年　月　日

		实验 3–4　集成运算放大器的基本运算电路						

<table>
<tr><td rowspan="2">预习思考</td><td colspan="8">1. 集成运算放大器 LM324 由几个运放组成？第几引脚是电源端？接几伏电源？</td></tr>
<tr><td colspan="8">2. 如何通过实验检查 LM324 芯片运算放大器是否好用？</td></tr>
</table>

<table>
<tr>
<td rowspan="16">实验结果</td>
<td rowspan="4">反相比例</td>
<td>输入电压 U_i/V</td>
<td>U_i</td>
<td>0.1</td>
<td>0.2</td>
<td>0.3</td>
<td>0.4</td>
<td>0.5</td>
</tr>
<tr><td rowspan="3">输出电压 u_o/V</td><td>理论值</td><td></td><td></td><td></td><td></td><td></td></tr>
<tr><td>测量值</td><td></td><td></td><td></td><td></td><td></td></tr>
<tr><td>误差</td><td></td><td></td><td></td><td></td><td></td></tr>

<tr>
<td rowspan="4">同相比例</td>
<td>输入电压 U_i/V</td>
<td>U_i</td>
<td>0.1</td>
<td>0.2</td>
<td>0.3</td>
<td>0.4</td>
<td>0.5</td>
</tr>
<tr><td rowspan="3">输出电压 u_o/V</td><td>理论值</td><td></td><td></td><td></td><td></td><td></td></tr>
<tr><td>测量值</td><td></td><td></td><td></td><td></td><td></td></tr>
<tr><td>误差</td><td></td><td></td><td></td><td></td><td></td></tr>

<tr>
<td rowspan="5">反相加法</td>
<td rowspan="2">输入电压 /V</td>
<td>U_{i1}</td>
<td>0.1</td>
<td>−0.3</td>
<td>0.5</td>
<td>0.6</td>
<td>0.8</td>
</tr>
<tr><td>U_{i2}</td><td>0.2</td><td>0.4</td><td>0.5</td><td>−0.7</td><td>0.9</td></tr>
<tr><td rowspan="3">输出电压 u_o/V</td><td>理论值</td><td></td><td></td><td></td><td></td><td></td></tr>
<tr><td>测量值</td><td></td><td></td><td></td><td></td><td></td></tr>
<tr><td>误差</td><td></td><td></td><td></td><td></td><td></td></tr>

<tr>
<td rowspan="5">减法运算</td>
<td rowspan="2">输入电压 /V</td>
<td>U_{i1}</td>
<td>0.1</td>
<td>−0.3</td>
<td>0.5</td>
<td>0.6</td>
<td>0.8</td>
</tr>
<tr><td>U_{i2}</td><td>0.2</td><td>0.4</td><td>0.5</td><td>−0.7</td><td>0.9</td></tr>
<tr><td rowspan="3">输出电压 u_o/V</td><td>理论值</td><td></td><td></td><td></td><td></td><td></td></tr>
<tr><td>测量值</td><td></td><td></td><td></td><td></td><td></td></tr>
<tr><td>误差</td><td></td><td></td><td></td><td></td><td></td></tr>
</table>

续表

实验结果	积分运算	输入 u_i: 输出 u_o:	扫描时间挡位: 电压衰减挡位: 探头衰减: 反向饱和电压 $-U_{OM}=$ 达到$-U_{OM}$所需时间 $T=$

实 验 总 结

1. 总结理想运算放大器的条件，"虚短路"和"虚断路"的含义。

2. 总结集成运算放大器构成的反相比例、同相比例、反相加法和减法运算电路输出电压与输入电压的关系。

3. 总结积分运算在阶跃信号作用下，达到反向饱和电压$-U_{OM}$所需时间 T 与哪些参数有关。

预习	优	良	中	及格	不及格	指导教师:
实验	优	良	中	及格	不及格	
总成绩	优	良	中	及格	不及格	

姓名： 班级： 学号： 年 月 日

实验 3-5　电压比较器	
预习内容	1. 写出电压比较器与运算放大器的异同。 2. 试分别计算 R_F=100kΩ、200kΩ 时，图 3-4-3（a）、图 3-4-4（a）的上限电压和下限电压值。

实验结果	过零比较器	输入电压 u_i 波形	输出电压 u_o 波形
		U_i/V	U_o/V

	反相滞回比较器	R_F=100kΩ	R_F=200kΩ
		输出电压 u_o 波形	输出电压 u_o 波形
		上限电压 U_H/V	上限电压 U_H/V
		下限电压 U_L/V	下限电压 U_L/V

续表

$R_F=100k\Omega$		$R_F=200k\Omega$	
输出电压 u_o 波形		输出电压 u_o 波形	
上限电压 U_H/V		上限电压 U_H/V	
下限电压 U_L/V		下限电压 U_L/V	

实验结果 / 同相滞回比较器

实 验 总 结

1. 将实验中过零比较器的同相端接输入信号，反向端接地。画出其电压传输特性曲线。

2. 总结反相滞回比较器和同相滞回比较器的异同。

3. 列举实验中遇到的问题及其解决方法。

姓名：   班级：   学号：   年　月　日

实验 3–6　晶闸管可控整流调压电路

预习思考

1. 晶闸管导通、关断的条件是什么？

2. 画出单结晶体管触发电路 a、b、c、d 各点输出电压波形。

u_a

u_b

u_c

u_d

实验结果

单相半波可控整流电路输出电压波形

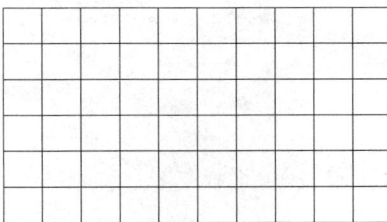

单相桥式全波可控整流电路输出电压波形

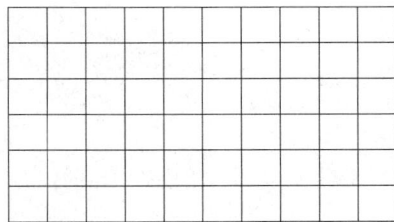

续表

	单相交流调压电路
实 验 结 果	u_a （坐标网格图） u_L （坐标网格图） 扫描时间挡位： 电压衰减挡位：
实 验 总 结	**实　验　总　结** 1. 总结单相半波可控整流电路输出电压与导通角的关系。 2. 单相桥式全波可控整流电路输出电压与导通角的关系。 3. 总结 R_1 和 D_{W1} 组成的电路的作用。当增大 R_{W1} 时，负载电压怎样变化。

预习	优	良	中	及格	不及格	指导教师：
实验	优	良	中	及格	不及格	
总成绩	优	良	中	及格	不及格	

姓名：　　　　　　班级：　　　　　　　　学号：　　　　　　　　　年　月　日

	实验 3–7　集成与非门电路及其应用
预习情况	1. 74LS00 和 74LS20 各自由几个门电路组成？每个门有几个输入端？几号引脚是电源端和地端？ 2. TTL 与非门多余的输入端应如何处理？

实验结果

两输入与非门

输入		输出
A	B	Y
0	0	
0	1	
1	0	
1	1	

基本逻辑门

非门		与门		或门	
A	Y	A B C	Y	A B C	Y
0		0 0 0		0 0 0	
1		0 0 1		0 0 1	
		0 1 0		0 1 0	
		0 1 1		0 1 1	
		1 0 0		1 0 0	
		1 0 1		1 0 1	
		1 1 0		1 1 0	
		1 1 1		1 1 1	

三人表决电路测试

三人表决问题中，三人意见为输入变量 A、B、C，同意为"1"，不同意为"0"；表决结果为输出变量 Y，通过为"1"，不通过为"0"。规定 A 同意且 B、C 至少 1 人同意时，表决通过，用与非门实现以上逻辑要求的组合逻辑电路如下：

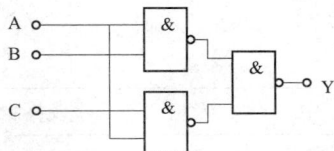

输入	输出
A B C	Y
0 0 0	
0 0 1	
0 1 0	
0 1 1	
1 0 0	
1 0 1	
1 1 0	
1 1 1	

		用与非门设计三人（A、B、C）表决电路。每人控制一按键，按键表示赞同，为"1"；不按键表示不赞同，为"0"。用指示灯表示表决结果，多数赞同，灯亮为"1"，反之灯不亮为"0"。	输入			输出
实验结果	三人表决电路设计		A	B	C	Y
			0	0	0	
			0	0	1	
			0	1	0	
			0	1	1	
			1	0	0	
			1	0	1	
			1	1	0	
			1	1	1	

实　验　总　结

1. 总结与非门能实现哪些组合逻辑运算。

2. 总结三人表决电路设计过程，分析测试结果。

3. 74LS 系列集成电路电源电压为多少伏?

预习	优	良	中	及格	不及格	指导教师:
实验	优	良	中	及格	不及格	
总成绩	优	良	中	及格	不及格	

姓名：　　　　　　班级：　　　　　　　学号：　　　　　　　　年　　月　　日

实验 3-8　集成异或门电路及其应用

<table>
<tr><td rowspan="2">预习情况</td><td>1. 74LS86 由几个异或门电路组成，每个门有几个输入端，几号引脚是电源端和地端？</td></tr>
<tr><td>2. 画出用 74LS00 和 74LS20 实现 $Y = AB + BC + AC$ 运算的组合逻辑电路。

3. 画出用 74LS86 实现 $Y = A \oplus B \oplus C$ 运算的组合逻辑电路。</td></tr>
</table>

实验结果

异或门

输入		输出
A	B	Y
0	0	
0	1	
1	0	
1	1	

半加器

设计由 74LS00 和 74LS86 组成的半加器电路

输入	输出
A_i　　B_i	S_i　　C_i
0　　0	
0　　1	
1　　0	
1　　1	

续表

		设计由 74LS00 和 74LS86 组成的全加器电路	A_i　B_i　C_{i-1}	S_i　C_i
实验结果	全加器		0　0　0	
			0　0　1	
			0　1　0	
			0　1　1	
			1　0　0	
			1　0　1	
			1　1　0	
			1　1　1	

实　验　总　结

1. 总结并画出与非门能实现的逻辑运算的电路。

2. 画出由全加器组成的两位串行加法电路。

预习	优	良	中	及格	不及格	指导教师：
实验	优	良	中	及格	不及格	
总成绩	优	良	中	及格	不及格	

姓名： 班级： 学号： 年 月 日

实验 3-9 编码器、译码器及其应用

预习思考

1. 画出 74LS148 和 74LS138 的逻辑功能示意图。

2. 画出 74LS139 和 74LS153 的逻辑功能示意图。

实验结果

译码器构成全加器

A	B	C	CO	S
0	0	0		
0	0	1		
0	1	0		
0	1	1		
1	0	0		
1	0	1		
1	1	0		
1	1	1		

数据分配逻辑功能测试

输入			输出			
数据	地址		输出通道			
$\overline{ST}$	A_1	A_0	$\overline{Y_0}$	$\overline{Y_1}$	$\overline{Y_2}$	$\overline{Y_3}$
0	0	0				
1						
0	0	1				
1						
0	1	0				
1						
0	1	1				
1						

实验结果	数据选择逻辑功能测试	输　入							输　出
		$\overline{ST}$	A_1	A_0	D_3	D_2	D_1	D_0	Y
		1	×	×	×	×	×	×	
		0	0	0	×	×	×	0	
		0	0	0	×	×	×	1	
		0	0	1	×	×	0	×	
		0	0	1	×	×	1	×	
		0	1	0	×	0	×	×	
		0	1	0	×	1	×	×	
		0	1	1	0	×	×	×	
		0	1	1	1	×	×	×	

实 验 总 结

1. 什么是编码、编码器？什么是译码、译码器？

2. 画出由译码器构成的全加器电路。

3. 数据选择器与数据分配器的功能有何不同？

预习	优	良	中	及格	不及格	指导教师：
实验	优	良	中	及格	不及格	
总成绩	优	良	中	及格	不及格	

姓名：　　　　　　班级：　　　　　　　学号：　　　　　　　　　年　　月　　日

实验 3–12　计数、译码、显示电路

<table>
<tr><td rowspan="2">思考题</td><td>1. 七段数码显示器中七个发光二极管有哪两种接法，画出电路图。</td></tr>
<tr><td>2. 七段译码显示 74LS48 与哪种接法七段数码显示器配合使用？有几个控制端？控制端为何种电平有效？</td></tr>
</table>

<table>
<tr>
<td rowspan="8">实验结果</td>
<td rowspan="8">七段译码显示器功能测试</td>
<td rowspan="2">功能</td>
<td colspan="6">输入</td>
<td rowspan="2">$\overline{BI}$ / $\overline{RBO}$</td>
<td colspan="7">输　出</td>
<td rowspan="2">字形</td>
</tr>
<tr>
<td>$\overline{LT}$</td><td>$\overline{RBI}$</td><td>D</td><td>C</td><td>B</td><td>A</td>
<td>Y_a</td><td>Y_b</td><td>Y_c</td><td>Y_d</td><td>Y_e</td><td>Y_f</td><td>Y_g</td>
</tr>
<tr><td>试灯</td><td>0</td><td>×</td><td>×</td><td>×</td><td>×</td><td>×</td><td>1</td><td></td><td></td><td></td><td></td><td></td><td></td><td></td><td></td></tr>
<tr><td>灭灯</td><td>×</td><td>×</td><td>×</td><td>×</td><td>×</td><td>×</td><td>0</td><td></td><td></td><td></td><td></td><td></td><td></td><td></td><td></td></tr>
<tr><td>灭 0</td><td>1</td><td>0</td><td>0</td><td>0</td><td>0</td><td>0</td><td>0</td><td></td><td></td><td></td><td></td><td></td><td></td><td></td><td></td></tr>
<tr><td>0</td><td>1</td><td>1</td><td>0</td><td>0</td><td>0</td><td>0</td><td>1</td><td></td><td></td><td></td><td></td><td></td><td></td><td></td><td></td></tr>
<tr><td>1</td><td>1</td><td>×</td><td>0</td><td>0</td><td>0</td><td>1</td><td>1</td><td></td><td></td><td></td><td></td><td></td><td></td><td></td><td></td></tr>
<tr><td>2</td><td>1</td><td>×</td><td>0</td><td>0</td><td>1</td><td>0</td><td>1</td><td></td><td></td><td></td><td></td><td></td><td></td><td></td><td></td></tr>
<tr><td>3</td><td>1</td><td>×</td><td>0</td><td>0</td><td>1</td><td>1</td><td>1</td><td></td><td></td><td></td><td></td><td></td><td></td><td></td><td></td></tr>
<tr><td>4</td><td>1</td><td>×</td><td>0</td><td>1</td><td>0</td><td>0</td><td>1</td><td></td><td></td><td></td><td></td><td></td><td></td><td></td><td></td></tr>
<tr><td>5</td><td>1</td><td>×</td><td>0</td><td>1</td><td>0</td><td>1</td><td>1</td><td></td><td></td><td></td><td></td><td></td><td></td><td></td><td></td></tr>
<tr><td>6</td><td>1</td><td>×</td><td>0</td><td>1</td><td>1</td><td>0</td><td>1</td><td></td><td></td><td></td><td></td><td></td><td></td><td></td><td></td></tr>
<tr><td>7</td><td>1</td><td>×</td><td>0</td><td>1</td><td>1</td><td>1</td><td>1</td><td></td><td></td><td></td><td></td><td></td><td></td><td></td><td></td></tr>
<tr><td>8</td><td>1</td><td>×</td><td>1</td><td>0</td><td>0</td><td>0</td><td>1</td><td></td><td></td><td></td><td></td><td></td><td></td><td></td><td></td></tr>
<tr><td>9</td><td>1</td><td>×</td><td>1</td><td>0</td><td>0</td><td>1</td><td>1</td><td></td><td></td><td></td><td></td><td></td><td></td><td></td><td></td></tr>
</table>

续表

加计数					
CP_U	Q_D	Q_C	Q_B	Q_A	数码显示
0（清零）	0	0	0	0	
1					
2					
3					
4					
5					
6					
7					
8					
9					
减计数					
CP_U	Q_D	Q_C	Q_B	Q_A	数码显示
0（置9）	1	0	0	1	
1					
2					
3					
4					
5					
6					
7					
8					
9					

（左侧栏：实验结果；计数译码显示电路）

实　验　总　结

1. 总结 74LS192 清零与置数逻辑功能。

2. 总结七段显示译码器试灯、灭灯和灭 0 逻辑功能。

预习	优	良	中	及格	不及格	指导教师：
实验	优	良	中	及格	不及格	
总成绩	优	良	中	及格	不及格	

姓名：　　　　　班级：　　　　　学号：　　　　　年　月　日

实验 3–13　555 集成定时器的应用（一）

<table>
<tr><td rowspan="2">预习思考</td><td colspan="2">分别计算：① $R_1=3$kΩ，$R_2=68$kΩ，$C=0.1$μF；② $R_1=68$kΩ，$R_2=33$kΩ，$C=1$μF；③ $R_1=68$kΩ，$R_2=3$kΩ，$C=0.1$μF 三种情况下，无稳态触发器第 1 个暂稳态的时间 t_{W1}、第 2 个暂稳态的时间 t_{W2} 和振荡周期 T。</td></tr>
<tr><td></td><td></td></tr>
<tr><td rowspan="4">实验结果</td><td rowspan="2">无稳态触发器</td><td>$R_1=3$kΩ，$R_2=68$kΩ，$C=0.1$μF</td></tr>
<tr><td>u_C ・・・　$t_{W1}=$（ms）　$t_{W2}=$（ms）　$T=$（ms）
u_o</td></tr>
<tr><td rowspan="2">参数对波形影响</td><td>$R_1=68$kΩ，$R_2=3$kΩ，$C=0.1$μF</td></tr>
<tr><td>u_C　$t_{W1}=$（ms）　$t_{W2}=$（ms）　$T=$（ms）
u_o
$R_1=68$kΩ，$R_2=33$kΩ，$C=1$μF</td></tr>
</table>

续表

实验结果	参数对波形影响	u_C u_o	$t_{W1}=$ （ms） $t_{W2}=$ （ms） $T=$ （ms）

实 验 总 结

1. 总结多谐振荡器第 1 个暂稳态的时间 t_{W1}、第 2 个暂稳态的时间 t_{W2} 和振荡周期 T 随参数变化情况。

2. 举例说明多谐振荡器具有哪些应用。

预习	优	良	中	及格	不及格	指导教师：
实验	优	良	中	及格	不及格	
总成绩	优	良	中	及格	不及格	

姓名：   班级：   学号：   年   月   日

实验 3–14   555 集成定时器的应用（二）

预习思考	分别计算：① $R=3\text{k}\Omega$，$C=1\mu\text{F}$；② $R=33\text{k}\Omega$，$C=1\mu\text{F}$；③ $R=3\text{k}\Omega$，$C=2.2\mu\text{F}$ 三种情况下，单稳态持续的时间 t_{W}。

实验结果	单稳态触发器	$R=3\text{k}\Omega$、$C=1\mu\text{F}$	
		u_{i} u_{C} u_{o}	$t_{\text{W}}=$ （ms）
	参数对波形影响	$R=33\text{k}\Omega$、$C=1\mu\text{F}$	
		u_{C} u_{o}	$t_{\text{W}}=$ （ms）
		$R=3\text{k}\Omega$、$C=2.2\mu\text{F}$	

实验结果	参数对波形影响	u_C u_o	$t_W=$　　　　　　（ms）

实　验　总　结

1. 总结单稳态持续时间 t_W 随各参数变化情况。

2. 举例说明单稳态触发器具有哪些应用。

预习	优	良	中	及格	不及格	指导教师：
实验	优	良	中	及格	不及格	
总成绩	优	良	中	及格	不及格	

ISBN 978-7-5198-1006-1

9 787519 810061 >

定价：25.00元（含实验考核）